美味的科学系列

美味的数学

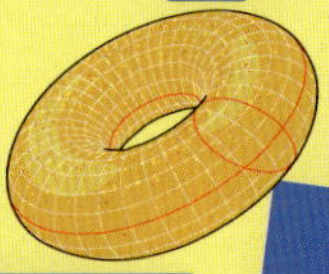

[英] 凯蒂·斯特克尔斯 / 著
胡长炜 / 译

天津出版传媒集团
天津科学技术出版社

图书在版编目（CIP）数据

美味的数学 /（英）凯蒂·斯特克尔斯著；胡长炜译 . -- 天津：天津科学技术出版社，2023.3

书名原文：KITCHEN SCIENCE: The Maths of Milkshakes

ISBN 978-7-5742-0772-1

Ⅰ . ①美… Ⅱ . ①凯… ②胡… Ⅲ . ①数学—青少年读物 Ⅳ . ① 01-49

中国国家版本馆 CIP 数据核字（2023）第 020885 号

美味的数学
MEIWEI DE SHUXUE

责任编辑：曹　阳
责任印制：兰　毅
出　　版：天津出版传媒集团
　　　　　天津科学技术出版社
地　　址：天津市西康路 35 号
邮　　编：300051
电　　话：（022）23332400
网　　址：www.tjkjcbs.cn
发　　行：新华书店经销
印　　刷：运河（唐山）印务有限公司

开本 710 × 1000　1/16　印张 10　字数 129 000
2023 年 3 月第 1 版第 1 次印刷
定价：52.00 元

序言

数学是对我们身边所有事物背后的数字、图形和结构进行研究的学科。我们在学校学到了各种数学知识，这些知识涵盖了世间万事万物，从图形、对称性、结构等概念，到计算数学问题和利用数学研究现实世界的方法。成为一名数学家，我们需要拥有简化复杂事务、及时记录，以及利用创造性思维解决谜题的能力。

翻到第 34—35 页，用三明治来学数学。

在厨房中，我们能发现大量与数学有关的例子，这些例子就出现在描述我们的食物和烹饪方式的数字与图形中。而食物本身，也能用来直观地展示各种有趣的数学问题！本书将通过一些有趣的厨房案例和能够在厨房里完成的实验，向读者展示一些我们宇宙中优美的数学模型。

本书分为四章：数字、图形、真实世界中的数学和逻辑思维。

很多人认为数学全都和数字有关。数字显然占据了数学的一大部分，从食物包装背面发现的数字，到将食物组合成不同料理的排列方式，“数字”一章包含了一系列基于数字的谜题供你挑战。

“图形”一章更多着眼于几何构想：饼干是什么形状的？

如何平分蛋糕？甚至还有藏在我们冰箱中的美丽几何图形。

第三章是“真实世界中的数学”。在这一章中，我们会发现将数学应用到实际情形的方法，例如，怎样尽量让我们的饮料保持温度、在游戏中击败朋友，以及商店是如何通过条形码来确保我们支付了正确的金额，等等。

然而，数学不仅仅是计算数学问题和三角形边长的工具。“逻辑思维”一章中也包含了一些有助于我们进行数学思考的谜题和挑战。它们探讨了人们使用数学来对工作进行计划并进行优化的方法，无论是在商务领域还是在厨房领域都能派上用场！

在阅读每一章时，我们都会发现许多要做的事项和待解决的问题（书后附有答案）。请记住，这仅仅是一本书而已——我们可以在其他书籍和网络上找到更多与这些主题有关的信息。所以当你发现某些有趣的内容时，你还可以自己去寻找更多相关信息！

目录

探索发现：圆周率，没有尽头的数字

在一本关于厨房数学的书中，你或许希望能看到熟悉的食物——派，不过本书中的“派”可不是吃的那种。圆周率写作“π”（希腊字母中的第16个字母），读作“派”，它代表着一个非常特殊的数字，同时非常重要。

古埃及人、古巴比伦人和古希腊人都各自计算出了π的近似值，并将其用于农业和税收的实际计算中。3.125、3.1605和3.143都曾作为π的早期近似值被使用。如今，我们已经在令人难以置信的精度上算出了π的值，那就是：

3.14159265358979323846264338327950288419716

圆周率的意义何在?

你或许已经在圆的几何公式中遇见过π了。比如说，圆的周长C（绕圆一周的长度）就是直径d（平分圆的线段长度）的π倍。

$C=\pi\times d$

我们还可以用π来计算圆的面积A。如果我们知道了圆的半径r（直径的一半，即圆心到圆周上任意一点的距离），那么就可以利用下面的公式计算出圆的面积：

$A=\pi\times r^2$

π也会出现在球体的表面积和体积公式中。球体就像一个立体的圆，所以我们也能猜测到π会以某种形式参与其中。

π还能以其他各种方式发挥作用：它可以

用于计算单摆周期（摆动一次所用的时间）和梁弯曲应力（弯折之前能够承受的最大力）的公式中，也能用于建筑、通信、医疗，甚至太空飞行领域。

圆周率有多少位?

你或许已经发现，π 的数值表达式已经超出了页面边缘，看不到尽头。那是因为它根本就没有尽头！ π 的数值可以一直延续下去，直到无穷，我们不可能将其完全写下来。如果我们只写出其中的一部分，那么这个数字并不会精确地等于 π，所以在表示 π 的具体数值时，我们不能直接使用等号，而要改成表示“大约”的“≈”，或者在数字末尾加上“……”才行。

在大多数实际应用中，特别是对精确度要求不高的情况下，使用 $\pi \approx 3.14$ 即可。

工程师们则会使用更为精确的数值，即便如此，我们日常中使用 π 也不需要精确太多位数。如果能知道 π 小数点后的 39 位，那么在单个原子宽度的精度下计算宇宙周长都不在话下！

虽然我们无须得知 π 的那么多位数，但这并不妨碍人们将其算得更精确。2019 年 3 月，工程师岩尾遥利用强大的超级计算机算出了 π 的小数点后 31,400,000,000,000（约 10π 万亿）位数，创造了新的世界纪录。

实验求真：用饼干棒计算 π

一个关于 π 的神奇事实是，它会出现在各种想不到的有趣地方。比如说，在一张纸上随机丢下的小棍压过横线的概率就和 π 有关。通过丢出大量小棍，并数出其中有多少根压在了线上，我们便能算出 π 的近似值。

我们需要：

· 至少 12 根小棍，并且它们都要一样长。火柴棍、饼干棒、牙签……什么东西都可以，能找到的小棍越多越好。

· 纸、笔和尺子。

实验步骤：

1. 确定小棍长度，这个长度我们称为“棍长”。

2. 在离纸张上沿一个“棍长”的距离上，画一条平行于上沿的直线，横穿过整张纸。

3. 在第一条线下方画一条完全相同的线条，两者之间相隔一个“棍长”，重复此步骤直到纸上画满线条。

4. 把纸放在地上，站起来把小棍随机丢到纸上。

5. 数出有多少根小棍压在了线上，又有多少根没有压在线上（为了方便数数，可以数完一根就把它移走）。

压过线条

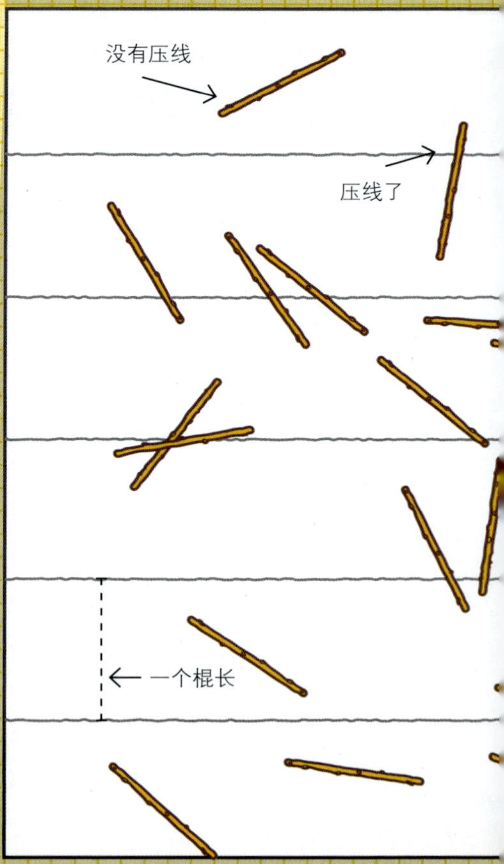

蒲丰投针

这个实验也叫作蒲丰投针，起源于 18 世纪。当时有一位名叫蒲丰的数学家想要知道掉落的小棍压过一条线的概率究竟是多少。因为小棍落在地上可能朝向任何方向，所以最后的概率与小棍可能覆盖的圆形区域有关。而我们能看到圆的地方，就一定会有 π 出现！

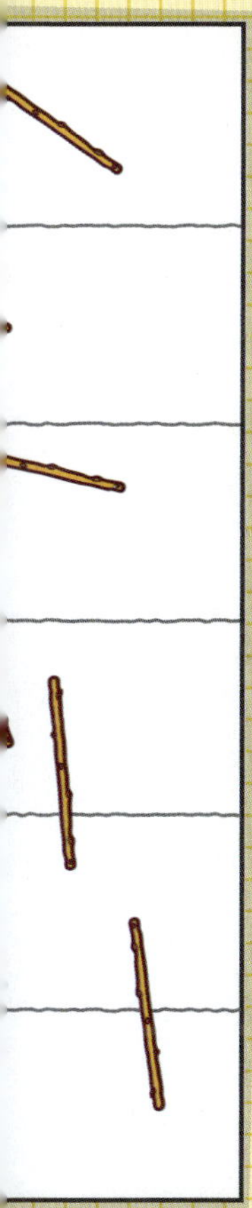

π 的计算

数出小棍的压线结果后，我们需要以下两个数字：

A= 丢下小棍的总数

B= 压过线条的小棍数量

为了计算 π 的近似值，我们需要用到下面这个公式：

$$\pi \approx \frac{2A}{B}$$

也就是说，π 近似于 2 倍 A 除以 B 的结果。如果总共扔出 20 根小棍，其中有 13 根压线，那么 A 就是 20，B 就是 13，套入公式就是（2×20）÷13=40÷13 ≈ 3.077。

由于这种方法来源于生活经验，而且过程随机，难以预测，所以无法得到 π=3.14159……的精确结果。但如果算出的数字在 3 和 3.5 之间，那就已经是一个颇为精确的近似值了！另外，扔出的小棍越多，算出的结果也会越接近于 π。

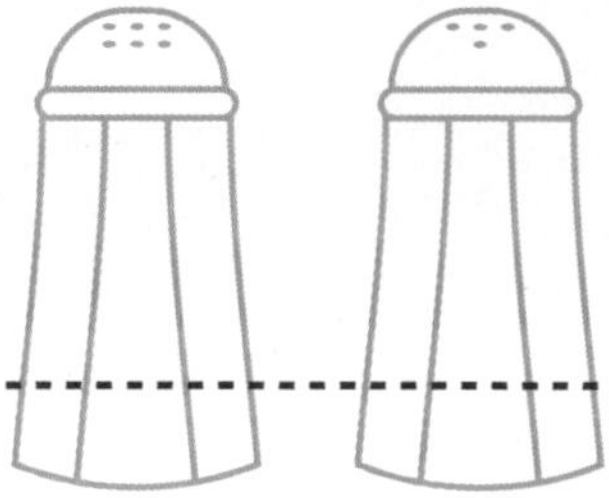

学习讨论：不同食物的排列组合

某些餐馆会以菜单上可供选择的美食数量多当卖点。利用数学知识，我们其实并不需要菜单上的太多选项，就可以组合出种类数量惊人的美食。

数汉堡

想象你正在做汉堡。你可以给每个汉堡搭配上一块或两块牛肉饼，并按照顾客的需求添加奶酪。这种情况下，可能的搭配是：

- 单层汉堡（无奶酪）。
- 双层汉堡（无奶酪）。
- 单层奶酪汉堡。
- 双层奶酪汉堡。

在这个过程中，我们可以做出两次选择，每次选择都有两个选项：单层汉堡还是双层汉堡，放奶酪还是不放奶酪。所以，最后就有 $2 \times 2 = 4$ 种可能的汉堡。

但如果再加上第三个选项，比如，放不放生菜，那么这个数字就还要再翻上一倍——之前的四种汉堡都有放生菜和不放生菜两个版本。

实际上，每为汉堡增加一个选项，汉堡的种类就会翻番。这意味着汉堡的种类数量能以极快的速度增长。从表格中可以看到，若有 10 个可选项，则汉堡的种类就超过了 1,000 种。

接下来，我们还可以给选项增添更多可能性。例如，有些餐厅会提供三种奶酪，顾客可以任选一种，这种情况下，我们可以选择的汉堡种类会变成原先的三倍（如果算上“不加奶酪”就是四倍）。

选项数量	汉堡种类
1	2
2	4
3	8
4	16
5	32
6	64
7	128
8	256
9	512
10	1,024

练习巩固

请数出下面的每份菜单中，我们最多能够吃到多少种不同的汉堡（如果无法确定，可以先写下你想到的组合，再检查其中是否有遗漏）。

麦堡包

汉堡：单层或双层牛肉饼。

可选奶酪（可选一种也可以不要）：切达奶酪或马苏里拉奶酪。

可选酱料（可任意选择一种或多种，也可以不要）：番茄酱、芥末酱、烧烤酱。

可选加料（可任意选择一种或多种，也可以不要）：生菜、番茄、酸黄瓜。

汉堡世界

汉堡：牛肉饼、鸡肉饼或素馅饼。

面饼（选择一种）：白面包、黑麦面包、黄油面包、全麦面包。

可选加料（可任意选择一种或多种，也可以不要）：汉堡酱、生菜、酸黄瓜、奶酪。

肉类工厂

汉堡：安格斯牛肉堡、牛扒堡、香肠堡。

酱料（选择一种）：汉堡酱、烧烤酱、辣酱。

可选加料（每样最多可加两份）：培根、洋葱圈、煎蛋。

琳达的汉堡宫殿

汉堡：豆腐排、褐菇、黄豆堡、素馅饼。

面饼（选择一种）：带芝麻或不带芝麻。

酱料（最多可选两种也可以不要）：番茄酱、蛋黄酱、芥末酱、烧烤酱、甜辣酱。

可选加料（最多可选一种）：洋葱圈、煎蛋、卡芒贝尔奶酪。

下一次招待客人吃饭时，我们就可以指出一共有多少种食物搭配可供他们选择，他们一定会大吃一惊！

在 2002 年，一家一流快餐连锁店推出了一个菜单，其中有 8 种食材可供选择。他们声称一共有“40,312 种组合”。他们声称的组合数对吗？如果不对，那一共有多少种组合呢？

一家酒店声称可以在自助早餐中提供“超过 10 亿种不同的搭配”。假设我们能够选择加入或不加入某种食材，那么这家酒店一共有多少种不同的餐品呢？

（答案见第 134 页）

探索发现：扑克牌有多少种组合

当有五种美味的小零食摆在我们面前时，要决定先吃哪个再吃哪个并没有那么容易，可能的吃法似乎无穷无尽！好吧，其实也没有那么多。有一种数学工具就是用来计算我们有多少种选择的，那就是“阶乘”。

从五种零食中先挑出一种来吃的时候，我们有五个选项，这时它们都还没有被吃掉。不过一旦我们吃掉了其中一种，第二次做选择时就只剩下了四个选项，第三次是三个，接着是两个。等到第五次吃的时候，就只有唯一的选择了。

我们可以像这样得到所有可能的吃法：

$5 \times 4 \times 3 \times 2 \times 1=120$

这就叫作 5 的阶乘，也可以写作“5!”。所以，当我们看到数字后面有一个感叹号，首先应该确认这是否真的是一个“情绪激动的数字”。如果答案是否定的，那么这个组合就表示前面的数字依次乘以比它小的数、一直乘到 1 的乘积。

物品排序

借助这个法则，我们便能做出各种推测。例如，假设我们有餐刀、餐叉和勺子各一把，那么有多少种方法将它们排列在桌面上呢？答案是：

$3!=3 \times 2 \times 1=6$（种）

下面我们核对一下：

这里有五种不同的排列方法，也就是说还少了一种，那这种排列方式是怎样的呢？

假设我们有四种不同的物品，那么一共就有 $4!=4 \times 3 \times 2 \times 1=24$ 种排列组合。现在，从你的房间里挑出四种物品，并列下它们所有的排列方式吧！

（答案见第 134 页）

难以穷举的排序

当一个数字变大时，它的阶乘变大的速度会更快，物品排列方式的数量将变得巨大。比如说，假使我们有10个物品，那么它们的排列方式就有**10!=10×9×8×7×6×5×4×3×2×1 =3,628,800**种，居然超过了300万种！

如果我们拿出一副纸牌并打乱它们，会有多少种可能的排列方式呢？一副纸牌有52张（正牌），那么它们就会有52!种可能的排列，这个数字有多大呢？

52!=80,658,175,170,943,878,571,660,636,856,403,766,975,289,505,440,883,277,824,000,000,000,000

简直大得不可思议！如果有一个人从宇宙大爆炸（在138亿年前创造了宇宙的那次爆炸）开始，每秒钟都能洗出一种不同的纸牌排列方式，那么他直到现在也无法穷尽所有的可能性。实际上，他洗牌洗到现在只完成了所有可能性的 $\frac{1}{5844795302242310041424683830174186012702138075426324480000}$。

这意味着每当我们拿出一副扑克牌并将其洗散来进行一局游戏时，手上的纸牌排列几乎都是独一无二且前所未有的（也几乎永远不会再出现同样的组合）。

实验求真：隐藏在菠萝中的斐波那契数列

数列往往有其自身的规律，有时这种规律还能让我们领悟到事物之间是如何联系的。斐波那契数列就有着十分有意思的规律，而它也经常会出现在某些令人意想不到的地方，比如，菠萝上！

斐波那契数列

斐波那契数列从 1 开始，而在 1 后面的，是另一个 1。这个数列就是这么定义的，它的前两个数字必须人为给出，不过在那之后的数字则会根据以下规则得到：

数列中的每个数字都是它之前两个数字的和。

如果用 A_n 来表示数列中第 n 个数，那么这个规则也可以写成 $A_n = A_{n-1} + A_{n-2}$。所以在开头的两个 1 之后，数列的第 3 个数就是前两个 1 相加得到的 2，第 4 个数就是 1+2=3，第 5 个数是 2+3=5，以此类推。

两两相加，得到下一个数

1 1 2 3 5 _ _ _ _ _

你能算出接下来的五个数吗？

（答案见第 134 页）

菠萝中的斐波那契数列

我们需要：

· 一个完整的菠萝。

· 不同颜色的记号笔或鲜艳的胶带。

菠萝的表面被分割成了许多小凸起，它们组成一条条倾斜的纹路环绕着整个菠萝。下面我们就要来数一数上面的纹路，不过一定要记得我们是从哪里开始的哟！

实验步骤：

1. 挑选一个靠近菠萝顶部的小凸起，并找到它所在的倾斜纹路。接着，沿着这条纹路用记号笔或彩色胶带标记一条线。

2. 挑选另一个小凸起，同样找到它所在的倾斜纹路，并用另一种颜色做记号。这次的纹路方向必须不同于第一条，但可以跟第一条纹路相交。

斐波那契菠萝

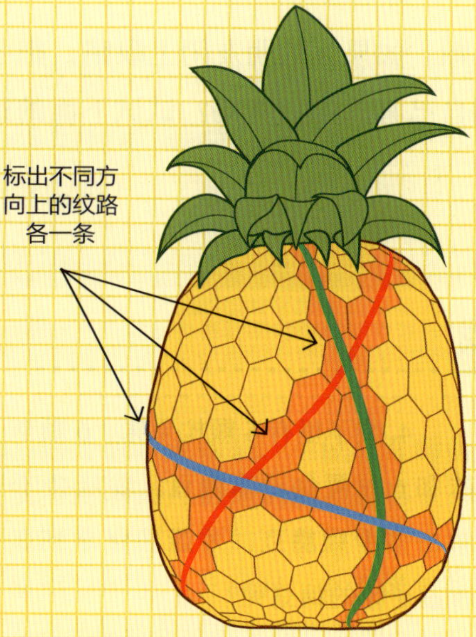

然后，绕着整个菠萝数一圈，看看每个方向上各有几条纹路

发生了什么？

菠萝在不同方向上的纹路数量往往（但不是绝对）会组成一个斐波那契数列。这是因为斐波那契数列能以最佳的角度安排这些小凸起，而这也是菠萝最有效率的生长方式。

由于菠萝个体和生长环境的差异，最后得到的纹路数量有时也无法组成斐波那契数列。如果你的菠萝属于这种情况，那么我们可以去超市数一数其他菠萝的纹路（这时最好不要做标记）。

3. 在一个与前两者不同的角度上，找到环绕菠萝的第三个方向的倾斜纹路，并用第三种颜色进行标记。

完成这些步骤后，我们就会得到一个看上去十分花哨的菠萝。这样一来，我们便能轻易地数出每个方向上分别有几条纹路了（从标记的纹路开始绕菠萝一圈），你有什么发现吗？

自然的规律

斐波那契数列同样会体现在其他植物上。松果在闭合时，种子的排列就具有相似的规律，其不同方向上的列数往往符合斐波那契数列。向日葵的种子会排列形成一道道螺旋线，它们在不同方向上的种子数量也会满足斐波那契数列。

学习讨论：用平均分配法分享食物

享受食物最妙的方式便是吃掉它们，而其次则是用它们作为谜题的灵感。试试这一节中由食物引出的谜题吧，你能在晚餐时间内解出答案吗？

小测验：食物

分享草莓

一对好朋友有一大堆草莓。他们想把草莓分掉，结果两人各自数出相同数量的草莓后，还剩下一个多余的。

在两人开始吃之前，又来了三个小伙伴，他们也想一起分享草莓。于是众人将所有的草莓又放到一起，每个人都数出相同数量的一堆草莓后，这次还剩下两个。

这时，另外三个小伙伴也来了。当他们也说想吃草莓时，一个人抱怨了起来："如果再这么分下去的话，每个人连四个草莓都吃不上了！"

那么这一堆草莓到底有多少个呢？

烤面包

假如我们在用烤面包机烤面包。面包机一次只能烤一面，但面包机足够宽大可以同时放进去两片面包，而面包每一面都需要烤三分钟才好。

那么我们烤三片面包最少需要几分钟呢？

（答案见第 137—138 页）

掰巧克力块

我们拿到了一块方形巧克力，它由许多正方形小块巧克力组成——共有六行三列。我们可以沿着小块巧克力之间的直线将整块巧克力掰成两半。掰完后，还可以拿起其中一块，沿着另一条直线继续掰开。

如果我们想要把整块巧克力上的所有小块巧克力全部掰开，需要掰多少次呢？

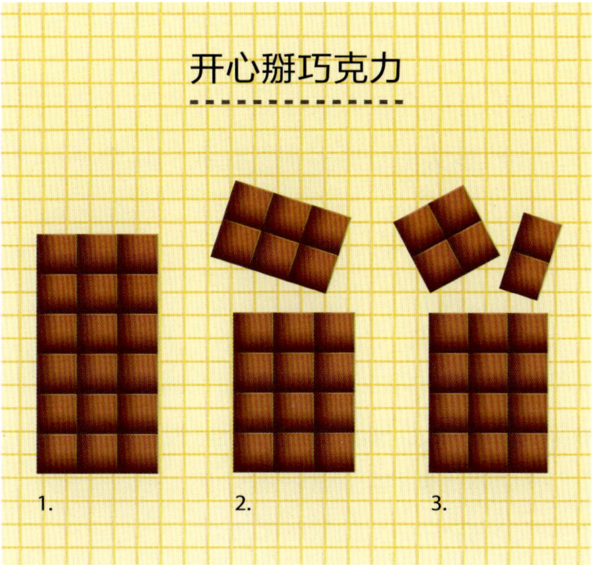

购物装袋

我们在超市里买了不少食物，但只有三个袋子用来装它们。我们都知道每个袋子最多只能装 1,250 g 的重量，而我们采购了 3,750 g 食物需要带走。你能把它们全装进袋了里吗？是否有多种方式来装呢？你能找到几种方式呢？

（答案见第 140 页）

需在成人监督下进行

实验求真：字母饼干

饼干有时会被做成字母表中各个字母的形状。如果我们想用它们给朋友留言，哪种形状用得更多呢？让我们用数学的方法来分析一下吧。

字母的频率

在英语书写中，每个字母的出现频率都是不一样的。通过分析大量文本，我们便能够计算出在正常的书写中，每个字母分别会以多大的频率出现。

下面的表格就展示了每 1,000 个字母中，字母表中的各个字母出现次数的期望值。

如果字母饼干中有着类似的字母分布，那么，它们就能用来拼出单词发送信息。如果它们采用平均分配的方式，那么字母 E 可能会很快被用完，而字母 J 还剩下许多。

我们需要：

- 一桶字母饼干。
- 一个碗。
- 用于操作的大托盘或桌布。
- 用于处理字母的镊子。（可选）
- 上面写着字母表的长纸条。

实验步骤：

1. 洗手。打开字母饼干的包装（找个大人来帮忙），把字母饼干倒入碗中。
2. 在托盘或桌布上用镊子小心地将字母分开，并把长纸条铺在下方。依次将每个字母摆在长纸条上对应字母的上方，每种字母饼干摆成一列。
3. 当摆完所有字母后，数出每种字母的数量并与下表作比较。

字母	A	B	C	D	E	F	G	H	I	J	K	L	M	N	O
每1,000个中的期望值	82	15	28	43	126	22	20	60	70	2	8	39	24	67	75

如果希望用我们自己的字母频数来匹配表中的数值，那么我们需要数出所有字母的总数。如果我们有 1,000 个字母饼干，那么这一步已经完成了（但这似乎不太可能，除非是一个巨大桶的字母饼干）。否则我们还需要算出每个字母 1,000 次中出现的频数：

$$每1,000次中的频数=\frac{桶中某个字母的个数}{桶中字母的总数}\times 1,000$$

我们还可以分析不同的罐头或盒装字母意面，看看它们是否有不同的字母分布。

密码破译人员使用类似的频数分析来尝试破解加密信息。由于加密信息通常是通过将字母替换成另一个字母或符号来加密，所以若我们能够找出一段信息中每个符号的出现频率，或许就能得到一些线索，指出这些符号分别代表哪个字母。

R	S	T	U	V	W	X	Y	Z
60	63	91	28	10	24	2	20	1

历史上最早的字母表面食出现在1867年，当时美国北卡罗莱纳州的报纸《三周标准》将其称为“新奇烹饪”。如今，字母表面食是通过将面食压入字母形的模具中制成的。

探索发现：用二进制数将厨房铺满瓷砖

当用十进制计数法来表示数字时，我们需要 10 个不同的数字符号（0、1、2、3、4、5、6、7、8 和 9）。但如果用另一种幂会怎样呢？如果用 2 的幂来表示数字，这些数就叫作二进制数，而它们也会带来一些有趣的现象。

2 的幂

$2^0=1$　$2^1=2$　$2^2=4$　$2^3=8$　$2^4=16$……

这些数很特别，因为所有其他的数都可以表示成这些数的和。比如 7=4+2+1、13=8+4+1，而其中的每个数最多只会用到一次——如果你认为某个数会用到两次，那么只需替换成更高一阶的 2 的幂即可。我们可以用 2^4 以下的幂构建出 31 以下的所有正整数，但更大的数就需要用到 2 的更高阶幂了，例如，2^5（32），2^6（64），等等。

你能将下表中的所有数字写成 2 的幂之和吗？如果需要用到某个幂，则在其下方填“是”，反之则填“否”。

这种“是”和“否”的排序代表着一种新的记数方式——这种方式通过列出各个幂是否需要用到（0 表示“否”，1 表示“是”）来确定数的大小。所以借助表中的结果，我们可以把 13 编码成二进制数，写成 01101（没有 16，有 8，有 4，没有 2，有 1）。

数字	有16吗?	有8吗?	有4吗?	有2吗?	有1吗?	求和
13	否	是	是	否	是	13 = 8 + 4 + 1
20						
28						
2						
31						

制作图案

如果将二进制数中的 1 和 0 用两种颜色代替，那么我们就可以借助某种图案，用数字去装点事物。有一些厨房会用两种不同颜色的瓷砖进行装饰。例如，黑色和白色。如果我们有一块横、竖各可以贴五块瓷砖的墙面，那么便可以用黑色 =1、白色 =0 的规则对其进行编码。

我们能编码何物?

通过五位数的 0 和 1，我们能编码出 31 及其之前的正整数。我们可以写下自己的生日（月份和日数），或者也可以按 A=1 到 Z=26 的规则将字母转换为数字，在瓷砖中藏下某些信息。

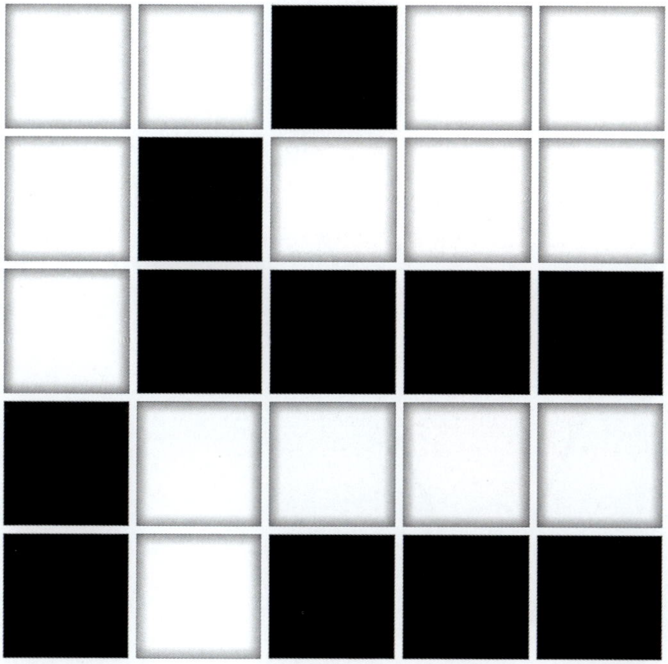

借助上一页的幂表格，你能发现左侧瓷砖图案中隐藏的数字吗？每一行都代表着一个数字，每一列幂的排序也和之前相同（最左侧是 16，最右侧是 1）。

用方格纸和记号笔设计一个属于我们自己的厨房图案吧。

（答案见第 139 页）

第二章
图形

探索发现

学习讨论

实验求真

实验求真：制作五连块饼干

多米诺骨牌是由两个正方形组成的矩形物体（用于玩一些有趣的游戏），但它还可以再继续拓展——比如，三连块是由三个正方形组成的图形，四连块包含四个正方形，而五连块则是由五个正方形拼接而成的图形。下面让我们来烤一些五连块饼干吧！

多米诺骨牌只有一种可能的图形（长和宽的比为 2:1 的矩形），而三连块则有两种可能的图形（长和宽的比为为 3:1 的矩形和“L”形）。而四连块的图形或许你已经十分熟悉，那就是俄罗斯方块游戏里的图形！

有多少种不同的图形？

一个正规的五连块必须满足以下条件：

· 由正方形组成。

· 包含五个相同的正方形。

· 每个正方形都至少有一条边与别的正方形相接（不能只是角相接）。

你能找出所有可能的五连块图形吗？找张方格纸，或直接用白纸，把它们都画下来吧。如果两个图形可以通过旋转或颠倒互相转换，那它们就只能算一种图形。一共有 12 种不同的五连块！

（答案见第 140 页）

烘焙五连块饼干的材料：

· 简单的甜饼干配料（或商店购买的烘焙用面团）。

· 擀面杖。

· 不同颜色的食用色素（可选）。

· 小刀。

· 尺子（得是干净的）。

· 隔热手套。

实验步骤：

1. 做出一个饼干面团，并擀成面皮。

2. 用小刀在面皮表面轻轻划出一个正方形网格。为了确保所有的正方形一样大，在划线时最好使用尺子。我们需要至少 60 个正方形，所以划一个 6×10 的矩阵就可以了（想做更多饼干也可以划更多）。

3. 沿着网格线切出所有可能的五连块图形。

4. 烘焙饼干。我们或许会发现饼干在烤箱中微微胀开，在它们被拿出烤箱完全冷却之前，我们可以用锋利的刀小心地将其重新削成正方形。

5. 用这些饼干来解决谜题。

五连块谜题

使用我们新鲜出炉的五连块饼干来解决下列谜题吧（若你不想烘焙饼干，也可以剪一些方格纸）。

· 将 12 块饼干排成一个 6×10 的矩形。

· 用 9 块饼干排成每个五连块的放大版——长宽均为原先的 3 倍（每次可以选不同的 9 块饼干）。先画出最终轮廓，然后参照轮廓摆放饼干会更容易些。

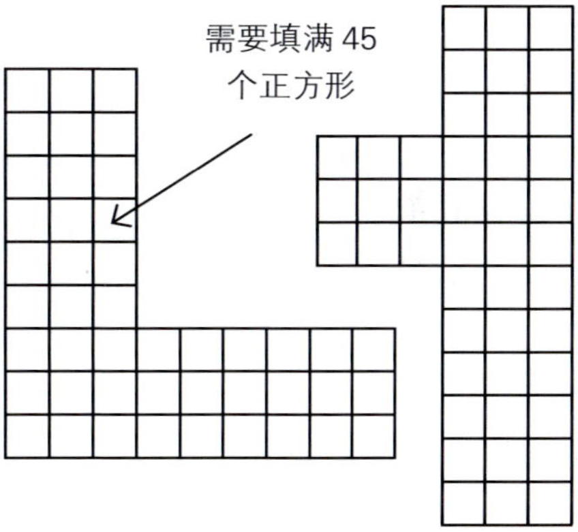

（答案见第 142 页）

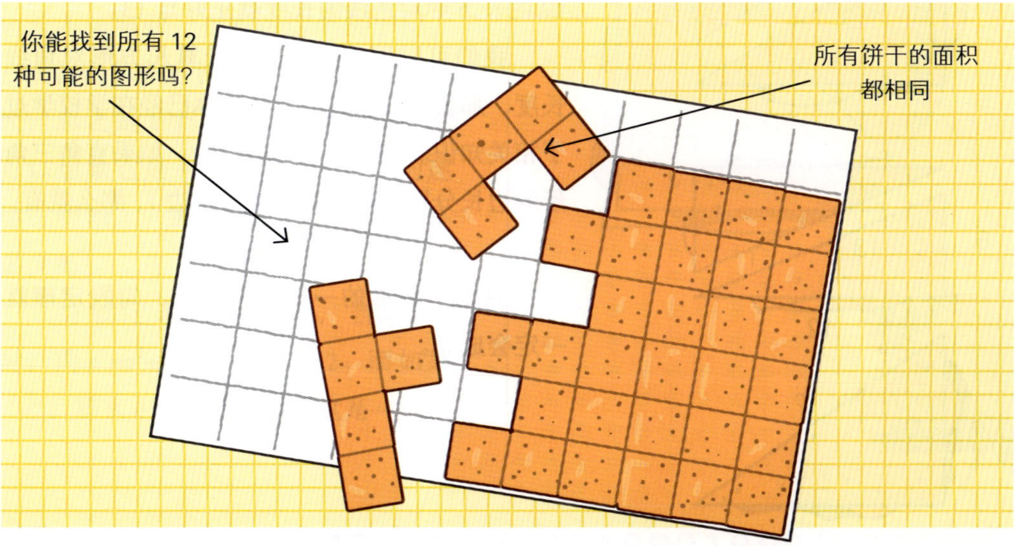

实验求真：打包方形三明治

如果我们有一块正方形三明治，而我们想要用一张防油纸（要选用食品级的）把它包起来，那么要用到多大一张纸呢？通过一个简单的数学公式，我们便能算出用于包裹三明治的纸张的精确尺寸，而不会有多余浪费。

我们需要：

· 一块正方形三明治。

· 尺子（得是干净的）。

· 防油纸。

· 你最爱的贴纸或胶带，用于把纸粘牢。

实验步骤：

1. 把三明治放在干净的地方，并用尺子量出它的对角线长度和厚度。

2. 借助下面的公式计算出我们将要用到的纸张边长：

防油纸边长 = 三明治的对角线长度 +1.5× 三明治厚度 ×2

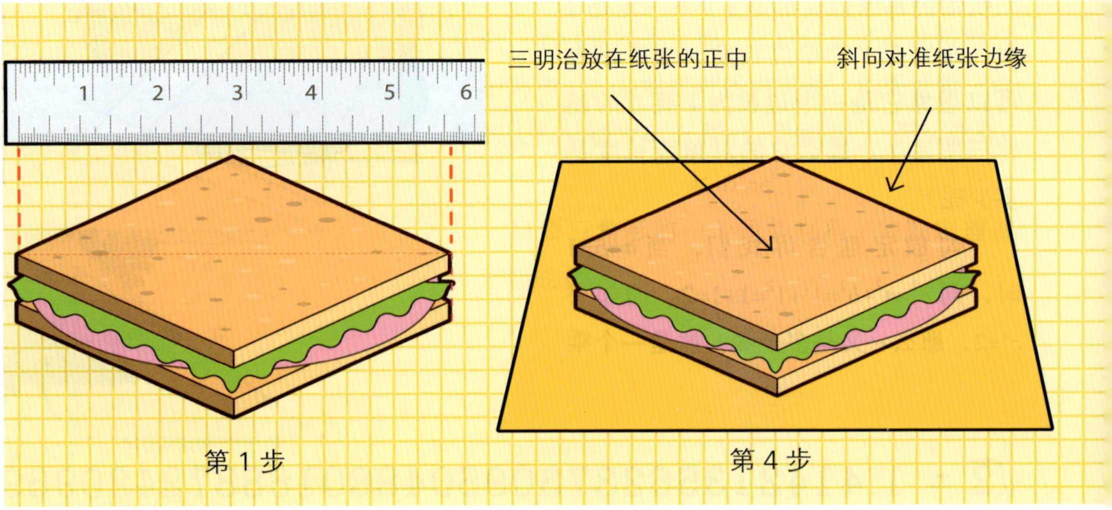

3. 按照计算出的边长裁剪出相应大小的纸张。

4. 将三明治放在纸张的正中，让它的角对准纸张的边，边对准纸张的角。

5. 将纸张的四个角往上折至中间（你或许会发现先抓住两个对角会比较好折，然后再折另外两个对角）。你会发现纸张在三明治四个角处会有一些凸出——我们可以将这些部分折进纸张其他部分的内部，把它们藏起来。

6. 用胶带固定中间的四个角。

没错！这样我们就用数学意义上最少的纸张完美地包裹住了一块三明治，而且重叠的部分微乎其微！

为什么会这样？

打包三明治所用到的纸张尺寸是借助一个包含了数字 1.5 的公式而计算出来的。实际上这个 1.5 来自于 2 的平方根（见第 35 页）。这个数出现在这里，是因为它与正方形的对角线有关，正方形的对角线正是边长的$\sqrt{2}$倍。

如果一点儿重叠的部分也不要，那么我们所需的纸张大小的精确尺寸是：

防油纸边长 = 三明治的对角线长度 + $\sqrt{2}$ × 三明治厚度 ×2

但如果需要些许重叠的部分，我们就需要把$\sqrt{2}$=1.41421……向上进位到 1.5。

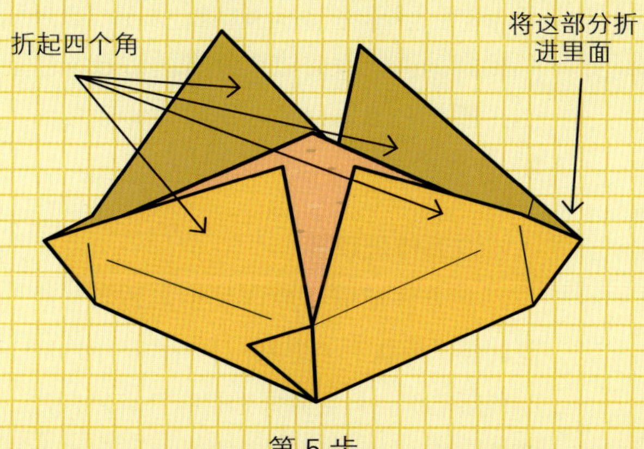

第 5 步

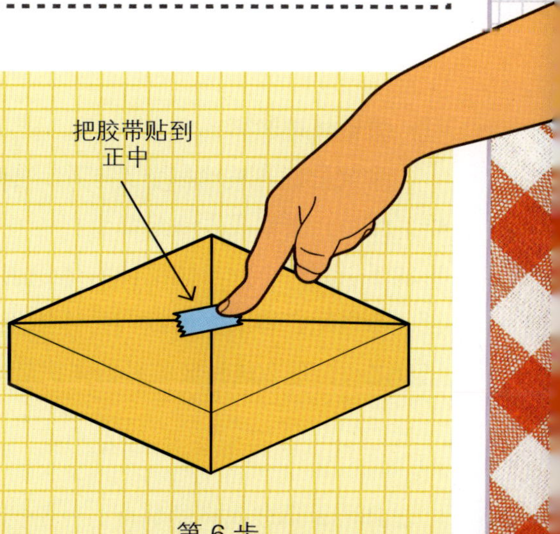

第 6 步

探索发现：哪种形状的杯子装的奶昔最多?

奶昔店常常会用各种不常见形状的玻璃杯来提供饮品。可是哪种杯子能装最多的奶昔呢？下面便是计算各种不同形状体积的方法，我们能借此计算出哪个杯子装的奶昔最多。

圆柱体玻璃杯

这是看起来最为普通的玻璃杯。圆柱体玻璃杯在任何一个高度上的横截面都是相同的圆形，这个圆形的面积为 $\pi \times r^2$（见第 2 页），其中 r 为它的半径。半径是圆心到圆周的距离，所以我们需要量出横穿杯体的长度并将其除以 2 来得到半径。而圆柱体玻璃杯的体积是：

$$V=\pi \times r^2 \times h$$

其中 h 是玻璃杯的高度。

圆锥体玻璃杯

常规的奶昔玻璃杯上大下小，侧面略呈弧形，圆锥或许就是最为接近它的形状了。而一个标准圆锥体的体积刚好是一个能把它容纳在内的圆柱体体积的三分之一！那么这种玻璃杯的体积是：

$$V=\frac{1}{3} \times \pi \times r^2 \times h$$

其中 h 是玻璃杯的高度， r 是圆形杯口的半径。

棱锥体玻璃杯

棱锥体玻璃杯比圆锥体玻璃杯要更加少见，但以方形为底的棱锥体积可以用非常类似的公式计算得到：

$$V=\frac{1}{3} \times l \times w \times h$$

其中 h 是玻璃杯的高度，l 和 w 分别是方形杯口的长和宽。

事实上，任何棱锥都可以用这种方法计算体积。如果棱锥的底是三角形或五边形、六边形及其他任何形状，而每个侧面都从底面的边出发最后汇合于顶点，那么它的体积就一定是 $\frac{1}{3} \times$ 底面面积 $\times$ 高度。

立方体玻璃杯

立方体玻璃杯或许是用来装奶昔最差的杯子形状了（想象一下清理杯子内部的角落吧），但它的好处是在计算体积时非常容易。立方体的体积便是它边长的立

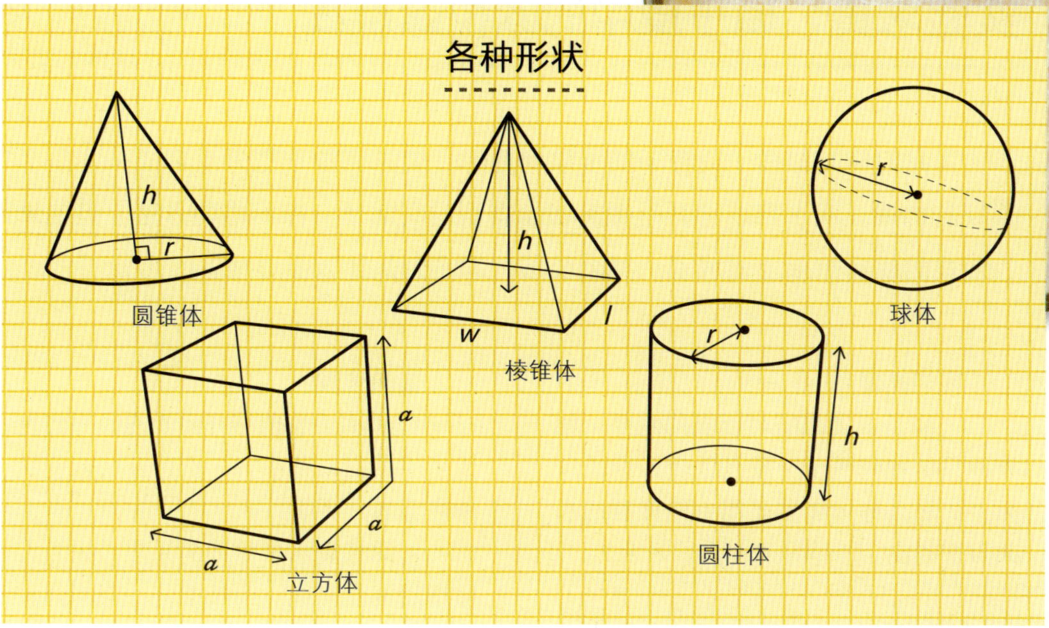

方。如果立方体的边长为 a，那么体积便是 $V=a\times a\times a=a^3$。如果你的立方体玻璃杯不是一个严格意义上的立方体，而是像长方体那样每个边都有不同的长度，那么只需把长宽高乘起来便能得到体积。

球体玻璃杯

球体真是一个非常出格的杯子形状，而且当我们需要知道它的半径时，也很难进行测量。确定球体玻璃杯半径的一个方法是将玻璃杯放在桌子上，然后在杯子上放一块确保水平的木板，并测量从桌面到木板的距离，这就是球体的直径，接着将其除以 2 便能得到半径。球体的体积是：

$$V=\frac{4}{3}\times\pi\times r^3$$

体积的单位

当我们计算体积时，答案将用体积单位来表示。如果我们测量长度时用的单位是厘米，那么，体积的单位就是立方厘米（写作cm³，有时会缩写成cc）。而如果我们测量长度时用的单位是米，那么体积的单位就是立方米（写作m³）。

实验求真：橘子皮中的欧拉螺旋线

当我们给类似橘子或橙子的水果剥皮时，尝试完整地把果皮剥成一片是个很好的挑战。从水果顶部开始螺旋状地剥到最底部是一种不错的方法。但如果我们真的成功把果皮剥成了一整个长条，那它会是什么图形呢？

我们需要：

· 橘子或类似的可以剥的水果。如果你只能找到橙子（或其他较难剥的水果），那么你可能需要用一把锋利的水果刀来剥皮。（请寻求大人的帮助）

实验步骤：

1. 从水果的顶部开始剥皮——将拇指指甲插到果蒂下方，然后开始螺旋状地往下剥。

2. 继续剥水果侧面的果皮，按照大拇指的宽度剥成一个长条，一直剥到水果的底部为止。

3. 把剥下来的果皮摊平，看看得到了什么图形。

需在成人监督下进行

橘子皮的形状

发生了什么？

这种图形被称作欧拉螺旋线。它以数学家莱昂哈德·欧拉的名字命名，它具备一个有趣的特性：当你沿着这条线前进时，每一处的曲率（曲线弯曲的程度）都在发生变化。

果皮的两端点处十分弯曲，所以它是从一个点开始呈螺旋形延伸的，越靠近果皮的中段，曲率越小。

果皮的正中间对应着绕过橘子腰部最大的一圈（你喜欢的话也可以将其称作赤道），而且几乎是笔直的。在正中的某个点上，果皮将会完全笔直，接着开始向另一个方向逐渐弯曲。

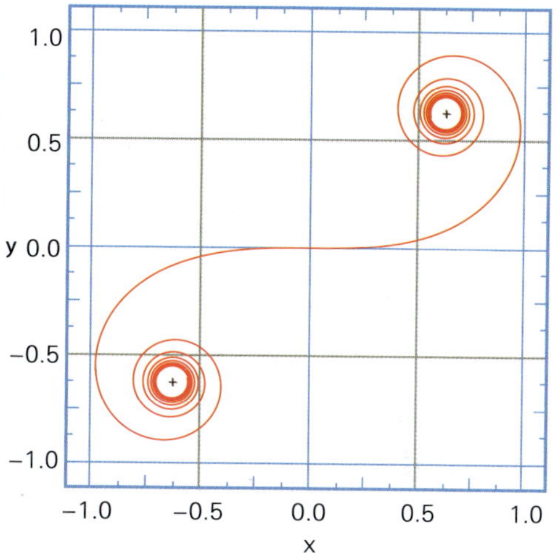

果皮改变弯曲的方向有其内在原因——当我们给水果剥皮时，一直都是朝着同一个方向剥的，但在橘子表面的趋势却是从一开始的由内向外变成了由外向内，所以果皮会朝另一个方向弯曲，直到我们剥到另一边的尽头，果皮都将会变得越来越弯曲，最后螺旋收束到另一个端点。

欧拉螺旋线

这种曲线有一些很有意思的用途。因为线条的曲率会缓慢变化，所以我们能利用其中的各个部分来设计铁路轨道。快速前进的火车无法突然改变方向，因而在转向时需要一条平滑过渡的曲线。

赛车驾驶员也可以利用这种曲线在入弯时选择一条最优路线，这样能减轻车辆负载，令方向盘的旋转更为顺滑。

莱昂哈德·欧拉（1707—1783年）

探索发现：冰箱中对称的雪花

数学无处不在，甚至存在于我们看不见的事物中。例如，冰箱中的冰晶和雪花，它们就遵循着某种数学规律，成为你十分熟悉的美丽的雪花图形。

雪花具有美丽而精致的结构，这些结构过于微小，无法被肉眼直接观察，只有在显微镜下才能看得清晰。

雪花的结构是在水滴凝结成冰晶时形成的。它们需要周围存在某种凝结核才能结晶，例如，一粒灰尘或花粉等。由于雪花的形成会受到温度、湿度等周围环境的影响，所以它们能生成各种不同的图形。但所有的图形基本都具有相同的数学结构：类似于正六边形（具有六条相等的边和六个相等的内角），具有相同结构并对称的六条冰晶“臂”。

雪花的种类

人们常说世上每一片雪花都是独特且与众不同的，但事实证明雪花实际上只有大约 35 种不同类型，所有雪花的基本构型都能归于这 35 种之内。

它们并非全都是平面结构，某些种类的结构类似于六角柱，也有一些种类是平面和三维结构的组合。

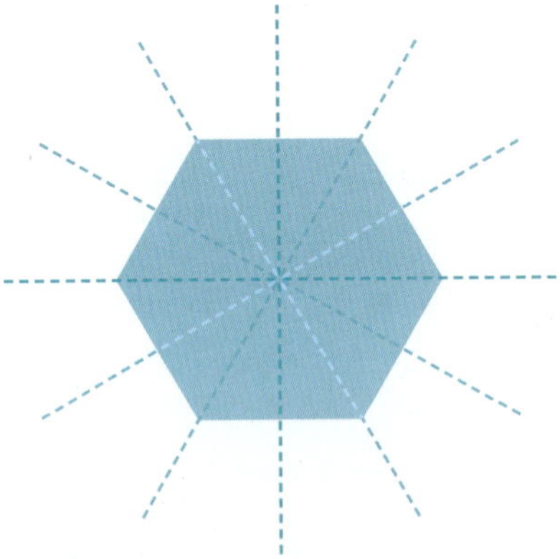

如果将正六边形放在桌子上，在正六边形中间垂直放一面镜子，镜子可以垂直地放在三条对角线，或三条边的中垂线中的任意一条线上，这样我们看到的仍然是一个正六边形。我们还可以将正六边形旋转六分之一圈，或六分之一圈的任意整数倍，得到的新图形将与原图形重合。这种性质就叫作正六边形对称性。

雪花就具有正六边形对称性，因为它们由冰而来，而冰就是水凝结成的固体。水分子由两个氢原子和一个与它们相连的氧原子构成，而两个氢原子之间的角度始终是恒定的。水分子的这种特定构形和它们结冰时的连接方式，便意味着冰晶将永远结成正六边形的样子。

雪花还是“雪谎”？

在冬季，人们常常会在房子的各个角落摆上雪花形的装饰。但遗憾的是，这些装饰品并不都是正六边形的。我们有时候能看到五边形和八边形的雪花——或者称其为“雪谎”。下次当你看到广告或圣诞节装饰上画着雪花时，就数一数它的角和边吧，看看那到底是雪花还是“雪谎”！

水分子

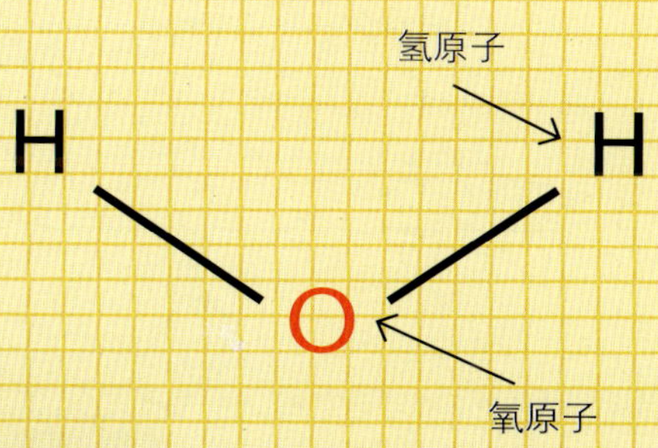

我们可以用纸来制作属于自己的雪花。把一个圆形纸片叠成扇形（扇形的弧长是圆形周长的六分之一），在上面剪出某种花样，然后将其展开，我们就能得到一个漂亮的雪花装饰了。

更多关于对称性的知识请见第72—73页。

学习讨论：切食物谜题

下面是一些关于切圆形或方形食物的谜题。我们可以用笔在纸上描绘出图形，再用剪刀剪下这些图形来代替食物。

小测验：切食物

1. 假如我们有一块圆形的食物，例如玉米饼，并只能沿直线将其切开。那么，你切三刀，最多能将它切成多少块呢？每一块的形状和大小都可以不一样。

· 尽管这个问题只需要我们切三刀，但它却是一系列关于切 *N* 刀的类似问题中的一部分。（这种情况常出现在数学讨论中，有时人们会改变题目中的某个数字，看是否能让问题变得更简单。这或许也能为我们提供解决难题的思路。）

我们可以一刀将玉米饼切成两块，或两刀将其切成四块。

· 思考一下切三刀的答案。

· 你能看出这些数字中的规律吗？你用四刀最多能切出多少块呢？它符合你发现的规律吗？

· 你能预测出切五刀、六刀或七刀的结果吗？提示：回顾第 26—27 页的内容或许会有帮助。

2. 如果我们有一块圆形食物，食物中间有一个圆形的洞，那么你沿直线切三刀，最多能将它切成多少块呢？

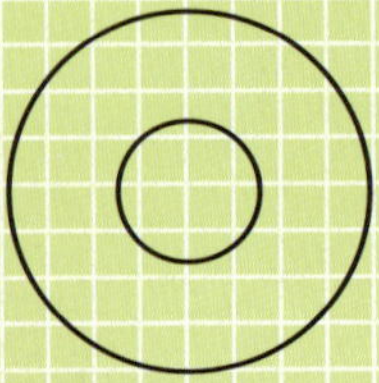

提示：这个谜题与上一个谜题原理不同，但先考虑一刀或两刀切出的块数同样能起到帮助。

3. 假如我们需要将一块较大的长方形食物，例如一块厚蛋糕，对半切开分给两个人。但当我们不在房间的时候，有人从蛋糕中间切走了一个长方形！你还能用一条直线将剩下的蛋糕切成体积相等的两块吗？

当蛋糕上任意一块长方形区域被切走时，你的方法还能有用吗？

提示：

· 如果我们的长方形蛋糕上没有洞，而你要用一条直线将其切成同样大的两块，你会怎么切？你能用多种方法去切吗？

· 所有将蛋糕对半分开的切法有没有什么共同特点？

· 当蛋糕缺失一块时，你要如何确保切开的两半仍是一样大小？

（答案见第 141 页）

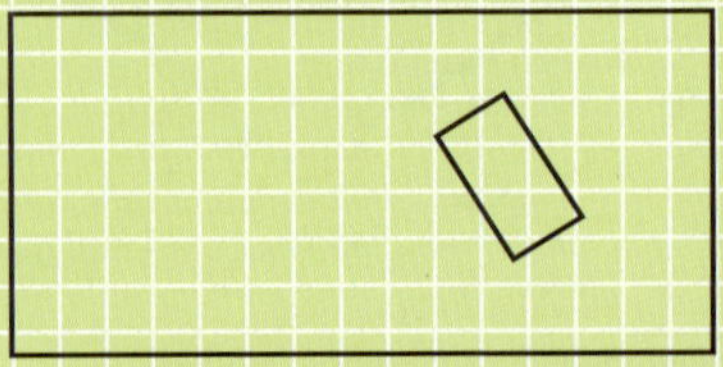

学习讨论：把小奶酪制作成大奶酪

下面是一些关于奶酪方块、木方块或是其他实心方块的谜题，我们可以尝试思考解决它们。大部分谜题都不需要用到真正的方块，但方块能帮助我们更好地理解它们。

小测验：奶酪

1. 假设我们用小奶酪方块来制作一个更大的奶酪方块，大方块的每条边都由三个小方块构成。

a）我们需要用到多少个小方块？

b）从外侧看去能看到多少个小方块？

c）有多少个小方块的面暴露在外？

d）如果我们用食用颜料给大方块的一个面涂上色，再把所有的小方块拆开，那么最后有多少个小方块没有沾上一点颜料呢？

2. 下图所示的大方块由两种不同颜色的小方块拼成：黄色切达奶酪和红色莱斯特奶酪。假设大方块所有的面看上去都像图上这样，那么拼成这个大方块分别需要多少块红色莱斯特奶酪和黄色切达奶酪呢？

再假设，我们并不知道这个大方块看不见的地方是什么样的——大方块的内部和背面的样子我们都不清楚。那么拼成一个看上去是这样子的大方块最多需要多少块红色莱斯特奶酪呢？最少又需要多少呢？

3. 假如我们有两种颜色的奶酪（黄色切达奶酪和红色莱斯特奶酪），用它们拼成一个大方块，并且任何两个相同颜色的方块都不会面对面贴在一起。那么拼成一个 2×2×2 的大方块需要用到每种颜色的方块各几个呢？3×3×3 和 4×4×4 的大方块又需要多少呢？

4. 假如我们再加入第三种颜色的奶酪，即黄色切达奶酪、红色莱斯特奶酪和白色马苏里拉奶酪。那么，你能用每种颜色各 9 个方块拼成一个 3×3×3 的大方块，使其中的任意一条线（水平或垂直）上的三个方块颜色都不同吗？

5. 假设我们用奶酪小方块拼出了一个 3×3×3 的大方块，而一条虫子要吃掉这个方块。虫子从大方块表面的一个小方块开始吃，吃空一个小方块后就钻到相邻的小方块（面对面相邻）继续吃。这条虫子想要吃空所有的小方块，而且要最后一个吃到正中间的小方块，它能实现愿望吗？为什么？（提示：回顾一下谜题 2 中的方块。想一想虫子是如何在不同颜色的小方块之间移动的。）

（答案见第 141—142 页）

实验求真：把三明治切成七巧板

七巧板是一种古老的中国解谜游戏，它由正方形通过一定方式切分而来的七块碎片组成，这些碎片能够拼成各种不同的图形。如果我们用正确的方式切开一块正方形三明治，便可以用三明治碎片解开那些谜题。

我们需要：

- 正方形三明治（不带面包皮）。
- 锋利的小刀（叫大人来帮忙）。
- 尺子（得是干净的）。

游戏步骤：

1. 将正方形三明治沿左下到右上的对角线对半切开，但不要将切开的两片分开。

2. 量出底边的中点和右边的中点，过这两点再切一刀，这条线应该与切的第一刀平行。

3. 沿着另一条对角线（从左上到右下）切开，但只切到第二刀的位置，不要切到右下角。

4. 从第二刀最上面的那一点开始朝第一刀的方向垂直再切一刀，切出一个小正方形。

5. 最后，从第三刀最下面的那一点开始切一条水平线，连接到第一刀的刀口（先把右下角挪开可能会更好切）。

这样我们就做出了一副七巧板！如果你把它们拆开了，就可以和朋友比赛谁能更快地把它们还原成一个正方形。

需在成人监督下进行

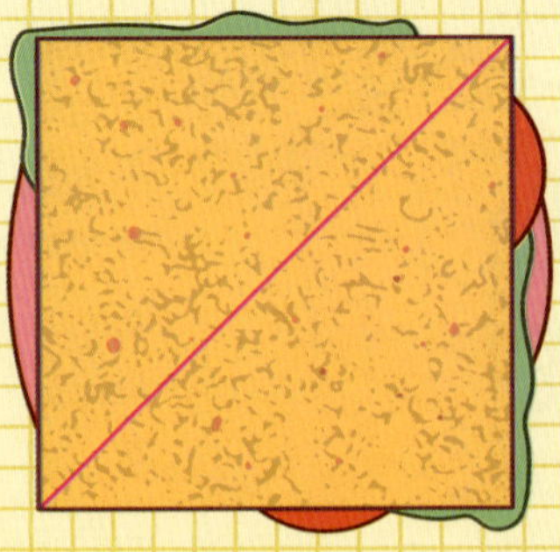

第 1 步

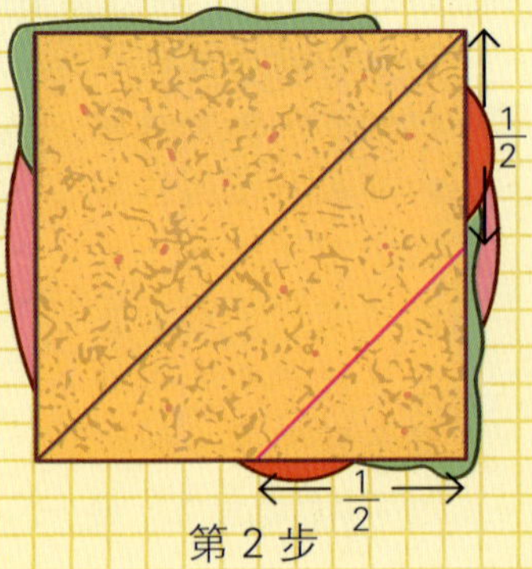

第 2 步

更多图形

你能用自己的七巧板拼出哪些其他的图形呢？（答案见第 142 页）

下面是一些可供尝试的谜题：

第 3 步　　第 4 步　　第 5 步

探索发现：圆形和球体堆积法

假如我们正在做饼干，而且已经在桌面上将面团揉成了一个大长方形。那么要怎么用圆形饼干切模器去切，才能切出最多数量的饼干面胚呢？

整理饼干

我们可以用不同的排列方式来做实验，分别计算切出的完整饼干数量和剩下面团的重量——剩下的面团越少则说明排列方式越有效。如果要重复进行实验以比较不同的排列方式，请确保使用的是相同的面团，揉出的长方形也要有相同的尺寸和厚度（可以借助硬币来检查厚度）。

这个问题在数学上被称作圆形堆积：如何为圆形安排一种排列，以获得最高的空间利用率？

有规律的排列方式无疑是最好的，其中圆形饼干按正方形网格的形状紧贴着排列能利用到 78.54% 的面团。

但排列饼干最具效率的方式还是要用到六边形网格，每一行的饼干都和上一行错开排列，依然保持紧贴。这种方式能利用到 90.69% 的空间，是我们能做到的最具效率的方式（假设我们的饼干全都一样大）。

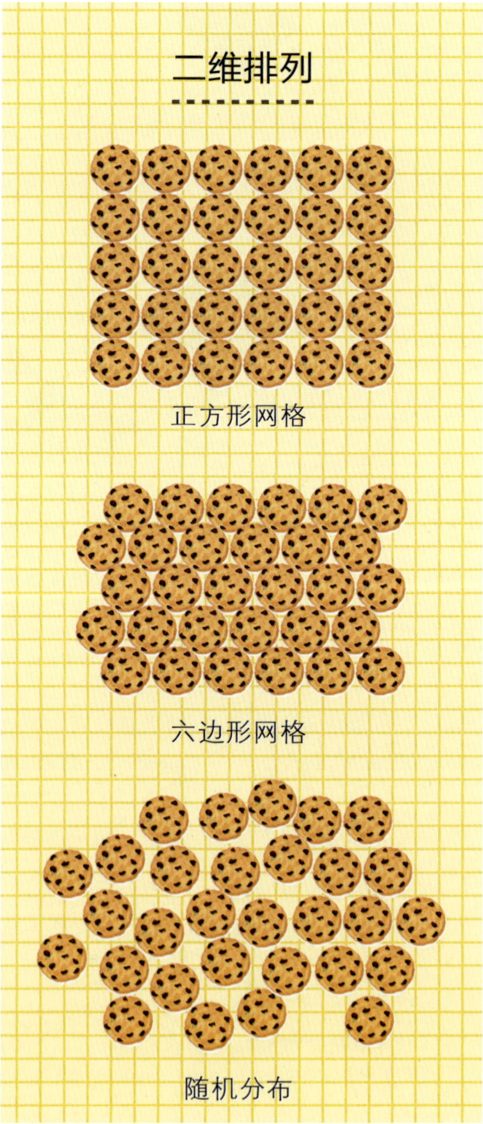

堆积算法

如果我们的饼干大小不一致，那么通常很难确定最具效率的空间排列方式。不过计算机算法能够帮助我们找到一个不错的排列方式。

堆积橘子

在三维立体的世界里，这个问题被称作球体堆积问题，有时也称作水果商问题，因为水果商总是希望往箱子里尽可能地塞入更多橘子。

你或许在超市的托盘中见过橘子排成六边形网格，这也是平面上最具效率的排列方式。但如果橘子立体地堆积起来呢？

按照立方体网格或立方晶格来堆积球体只能填满 52.36% 的体积，这样的空间利用率太低了！还有比这更好的堆积方案吗？

箱子里塞进多少橘子会令你印象深刻？

人们发现确实存在这样的方案——多层橘子都排列成六边形网格互相堆积，每层橘子都嵌入下一层的间隙中。这种方式能高效率地堆积橘子，也是我们在超市中经常见到的。

通过这种方式堆积橘子能够利用到 74.05% 的空间，在三维空间中，这已经是我们能做到的最好程度了。

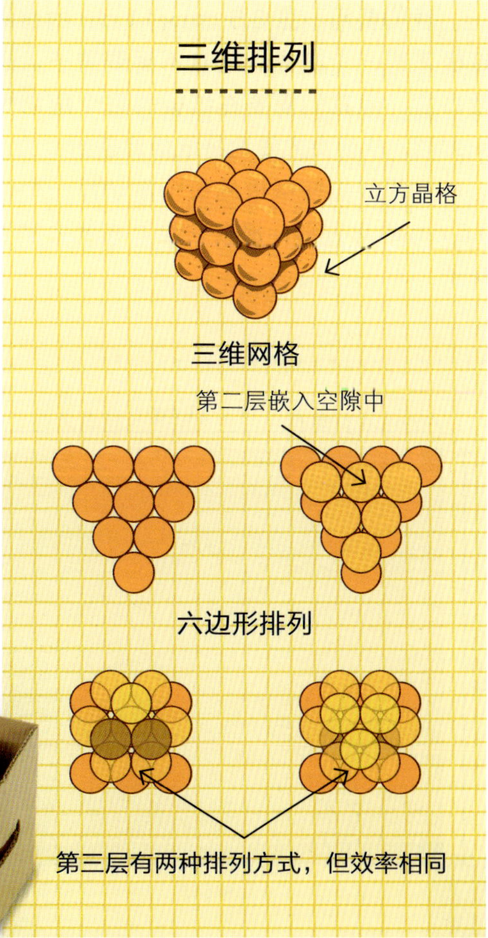

实验求真：制作礼物盒

如果我们想制作或购买一些糖果作为礼物送给朋友，那么将它们包进一个漂亮的盒子里会是个好主意。下面是一种数学的折纸教程，它能让你折出一个精美的礼物盒来装零食，并且想折几个就折几个。

我们需要：

· 六张正方形彩纸。

实验步骤：

1. 把彩纸沿水平中线对折（顶边对底边）再打开。

2. 这时纸上应该有一条从左到右的水平折痕，将顶边和底边分别对齐这条折痕折叠。

3. 将右上角对齐底边斜对折，再打开。我们折的六张纸都是一样的，所以要确保每次折的都是同一个角。

4. 按照第 3 步的方式将左下角也折好，再打开。

5. 这时我们发现前两步中分别折出了一个小三角尖尖，在图中标记为“×”。将这两个部分向内翻折藏在下面。

6. 现在再次把右上角斜对折下来，但要藏进纸的下半部分。

7. 将左下角斜对折上去，同样藏进纸里，这次是藏进纸的上半部分（当另一半已经藏好时，这一步会稍微麻烦一点）。

8. 找到正中心由纸的边缘构成的十字，然后如图所示折出最后的两个三角形——两个方向都折一折，让它们更为灵活。

其他五张纸也重复这些步骤，直到我们得到六个部件。检查一下它们是否都是一样的。

现在我们可以用这六个部件来拼成正方体盒子了。确保每两个部件之间的角度是正确的，并将三角形卡进其他部件的缝隙中。

用六个部件，我们应该就能拼出一个正方体。留一个面先不拼，把你想装的东西放进盒子，然后再加上第六个部件，将盒子封起来。

制作礼物盒

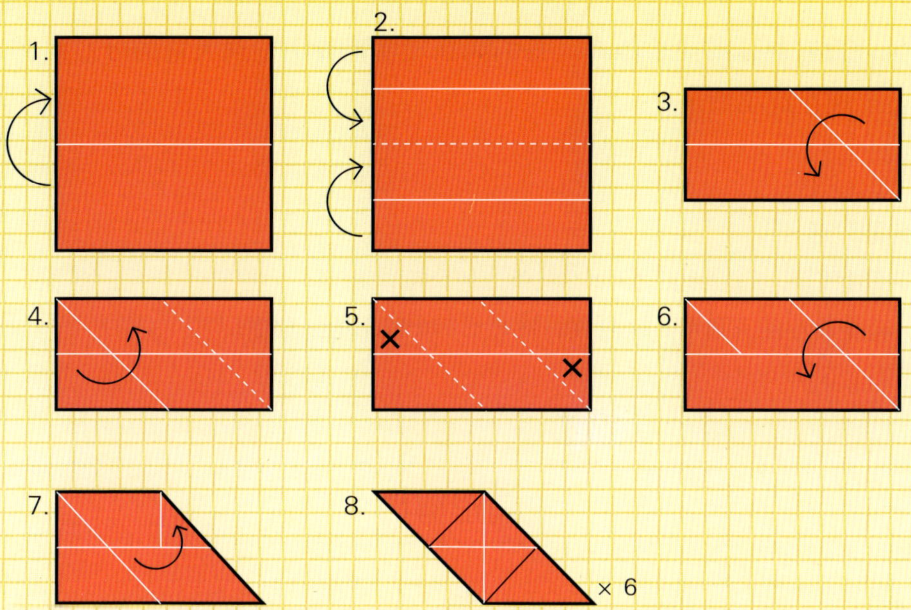

探索发现：分形蔬菜

分形是一类有趣的数学图案。如果我们靠近仔细去看，便会发现分形图案里还包含着它自己的更小版本。我们能在现实世界中发现大量的分形案例，甚至它会出现在蔬菜篮子里。

想象分形

假设我们有一个等边三角形（三条边的长度都相等），并如图中所示的那样，在其正中剪掉一个较小的三角形，这时我们就有了三个较小的三角形。

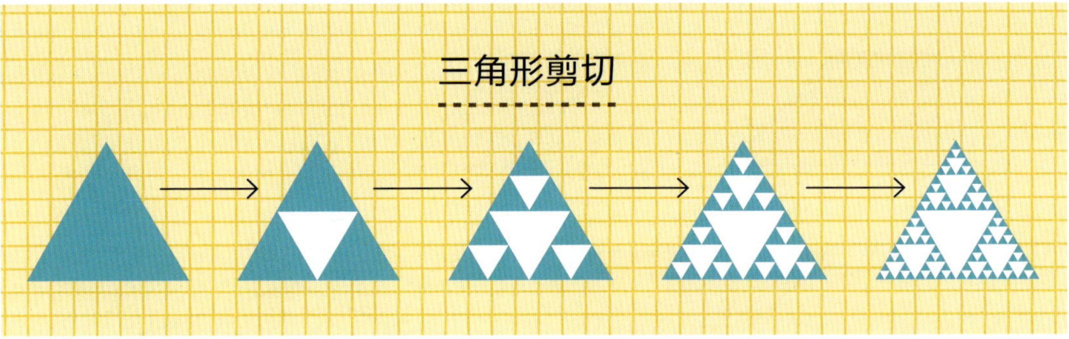

现在想象一下在这三个较小的三角形正中分别以同样的方式再剪掉一个更小的三角形，这将会留下一系列更小的三角形。以此类推，我们还可以在它们中间继续剪下去。

如果一直这样下去，那么我们每次剪掉一个小三角形，都会产生三个新的三角形。如果在现实世界中尝试这个过程，你或许会发现没过多久，手中的剪刀就变得又大又笨拙，无法再进一步剪去更小的三角形了。但我们可以在想象中永远剪下去。如果在脑海中放大小三角形之一，它们看上去就会像上一步那样大，我们便可以继续剪下去。

这个过程创造了一个分形图案——谢尔宾斯基三角形，它由不断剪切下去的三角形构成，直到无穷。我们仔细看任何一个小三角形，都会发现它和整个大三角形看上去是一样的。这便是分形的性质，我们将这种性质称作自相似。

一个真正的分形图案需要某个图形不断地复制比自己更小的副本，直到无穷——这并非现实中存在的事物能够做到的。

分形食物

尽管谢尔宾斯基三角形是一个完整的图案，但却包含着由一个简单规则所得到的无数个空洞。画出这样的图案只需一条规则，那就是“从每个三角形正中除去一个小三角形”，我们只需不断按这条规则操作下去即可。

这意味着其他许多由简单规则构造而成的事物也可以拥有类似的分形性质。例如，西蓝花便是由植物最初的部分反复地生长、分叉而得到的，它形成了许多分支，每个分支最终都长着一个细小的芽孢。

如果我们仔细观察西蓝花的顶部，便会发现在整个形状中，相同的结构会在不同的尺度上反复出现——它包含着更小尺寸的自己。这意味着它具有类似分形的结构。西蓝花科的其他植物，包括宝塔花菜和某些品种的花椰菜，拥有着更为美丽的分形结构。

其他类似分形的结构

· 雪花和冰晶往往拥有不同尺度上重复的细微结构。想了解更多关于雪花的内容请翻看第 42 页。

· 一些蕨类植物和其他植物也表现出了自相似的性质。

· 我们的肺内部允许氧气进入血液的支气管分支也具有分形结构。

实验求真：和朋友一起玩豆芽游戏

你或许知道抱子甘蓝是一种绿叶蔬菜，可以搭配烤火鸡食用，但你知道豆芽也可以是一种数学绘画游戏吗？当你闲着无聊时，这就是一个很好的游戏选择，而且只需要白纸和铅笔。

我们需要：

- 白纸。
- 铅笔或圆珠笔。
- 一位游戏对手。

游戏步骤：

这个游戏从画在纸上的几个点开始。玩家每个回合需要画一条线，线的起点和终点都必须是已知的点，接着在这条线上的某个位置再加一个点（按照下面的规则）。如果某个玩家发现他无法再画下去，那么另一个玩家就是获胜者。

你可以轮流决定每局游戏最初画几个点，并轮流先画。或者掷骰子决定画几个点，抛硬币决定谁先画。

画线的规则有以下几点：

1. 画的线不一定得是直线，但这条线不允许碰到或穿越任何已有的线（包括它自己）。

2. 新加的点不能在刚画的线的两头，它必须在那条线中间，将线分成两个部分。

豆芽游戏的例子

3. 每个点上不能连接超过三条线。当我们在画的线上新加一个点时，这个点就已经连上了两条线。如果从一个点出发画一条线连到它本身，那么要算成两条线连接到了这个点。

尽管规则看似很简单，但这个游戏很快就会变得有难度起来。所有连上了三条线的点都是“死点”，它们无法再参与到游戏之中。

似乎我们总是可以找到地方来画一条新的线，但有时候如果不穿越其他的线，是做不到这一点的。所以这个游戏的诀窍是设下陷阱，让你的对手无处下笔。

豆芽游戏有多长历史？

这个游戏是剑桥大学的两位数学家于19世纪60年代发明的。人们已经充分研究了这个游戏背后的数学原理，并发现如果我们以 N 个点开始游戏，那么游戏就必将会结束于第 $2N$ 个回合和第 $3N-1$ 个回合之间。

你玩的豆芽游戏是否符合这个规律呢？当以 N 个点开始游戏时，你能找到以 $2N$ 个回合和 $3N-1$ 个回合结束的游戏结果吗？

有一个世界豆芽游戏协会，专门组织各种玩豆芽游戏的国际赛事。

实验求真：有几种切甜甜圈的方法

面包圈（或甜甜圈）的形状对数学家来说很特殊。它在数学上被称为环面，甜甜圈中间的那个孔为它带来了一些有趣的性质，包括能被一种不同寻常的方式切开。

有一门专门研究数学中连续性现象的学科叫作拓扑学，拓扑学家们都很喜欢环面（和甜甜圈）。

环面是由圆形构成的，显然它的整体便是一个绕着中间孔洞的圆形，但其中还有第二种圆形，它们垂直通过中间的孔洞。

一种定义环面的方法是将它当作圆“乘以”圆——这种乘法的特殊含义用于指代形状而不是数字。仔细观察环面，你也许会发现当我们沿着水平的圆环绕一圈时，每个点都附带着一个垂直的圆，这让环面形成了一个首尾相接的圆管。

借助这两种圆，我们便可以用面包圈来表演一个有趣的把戏，这还需要一把锋利的小刀和一个大人来帮忙。

我们需要：

- 面包圈（任何你喜欢的口味）。
- 锋利的小刀。
- 案板。

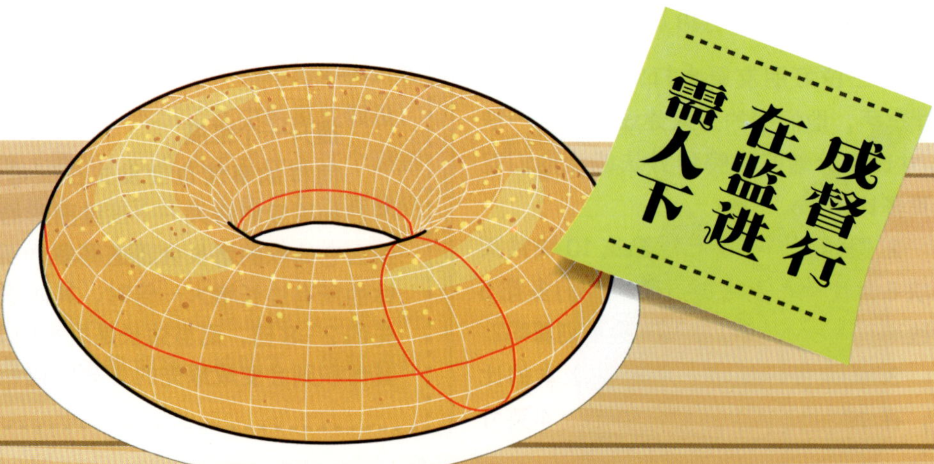

实验步骤：

我们将以一种不同寻常的方式切开面包圈。想象一下通常我们切面包圈的方式，我们会让刀尖一直朝着中间的孔洞，然后握住刀绕着面包圈转一圈。这时我们是沿着水平方向上的圆来切面包圈的，而在整个过程中，我们会一直保持小刀与案板平行。

而我们现在要做的，是沿着一条同时环绕着面包圈自身的线条去切——这条线螺旋绕过整个面包圈，而当我们切了一圈回来时，小刀正好又会回到最初的起点位置。为了达到这样的效果，你可能需要抽出小刀并分成好几次去切。

示意图中的线条粗略展示了我们应该在面包圈上用小刀切出怎样的两条线。如果第一次没切对，不用担心，我们可以把它吃掉，拿出另一个面包圈再试一次即可。

发生了什么？

你应该发现了，当我们绕着面包圈螺旋着切了一圈后，便会得到两个完整却互相串在一起的面包圈。我们可以不让这两半面包圈接触，但只要不把它们撕开，它们就会一直串在一起。

从理论上来说，这两半面包圈可以是完全相同的（如果你切面包圈时没有一直对准正中的线，那么两半面包圈也可能会有轻微的区别）。

两种切面包圈的方法

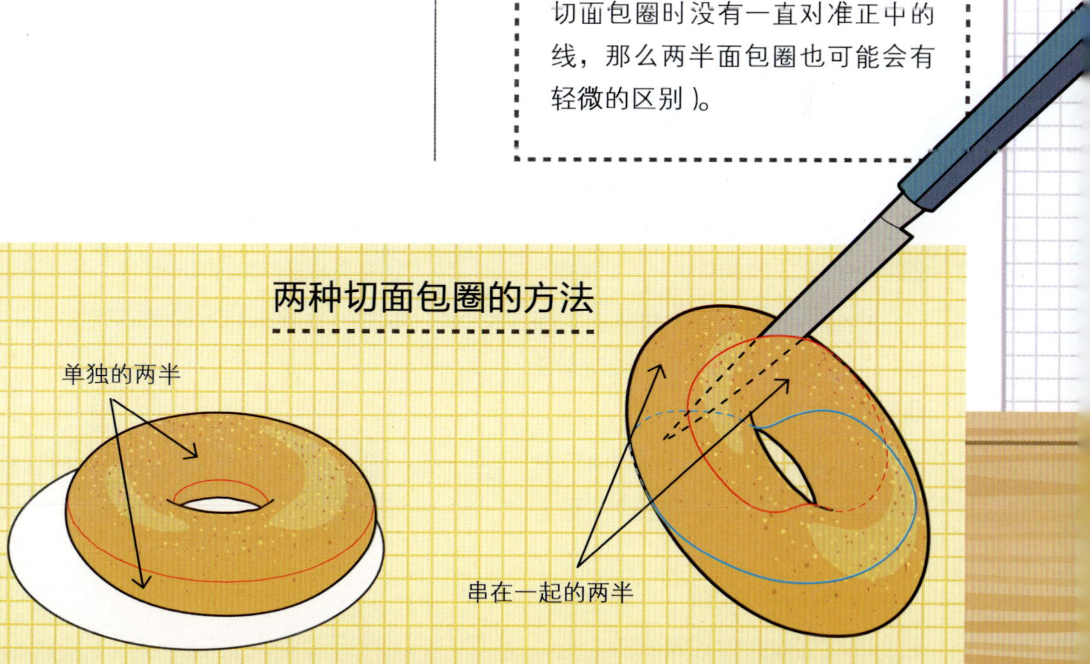

探索发现：图形的镶嵌

在厨房或浴室里，你可能会发现墙上贴有瓷砖，大部分标准瓷砖都能够用它们的图形铺满整面墙，而不留下任何缝隙。数学家们将这种类型的图形排列称作镶嵌问题，只有某些特定的图形能够达到这个效果。

能够镶嵌的图形

我们通常在镶嵌中见到的图形都是正多边形，这意味着它们每一条边的长度都相等，每个角的度数也相同。下面是此类别中的几个图形。

正镶嵌图

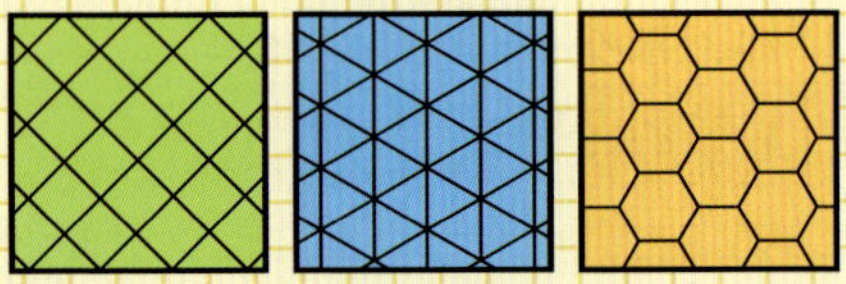

正方形：最常见的用来贴墙的图形。

三角形：我们可以用等边三角形（三条边的长度相等）铺满整面墙而不留缝隙。

正六边形：正六边形是另一种密铺图形，它可以铺满整个平面。

这些镶嵌仅使用了一种正多边形，因此也被叫作正镶嵌图。

多种图形的组合

如果我们允许多种规格的图形混合使用，例如，正方形和正三角形，那么便能创造出一系列不同的镶嵌方式。阿基米德镶嵌就是一类漂亮的镶嵌方式，也叫作半正镶嵌。这种方式中，每一个交点周围环绕正多边形的种类和顺序都相同。

每个交点都相同的半正镶嵌图一共有 8 种，第 69 页展示了其中 4 种（1—4 号），你能画出其他的吗？

如果我们允许各种正多边形在每个交点以不同的方式组合，那么就会有成千上万种不同的镶嵌方式。

翻看第88页来了解蜜蜂是如何利用这种镶嵌来高效率酿蜂蜜的。

其他的镶嵌方式

也有一些图形我们无法用于镶嵌中。例如，正五边形就不能很好地拼接在一起——它的每个角都是 108°，这意味着无法用多个正五边形完美地围绕一个点拼合而不留缝隙（不像正方形、三角形和六边形）。

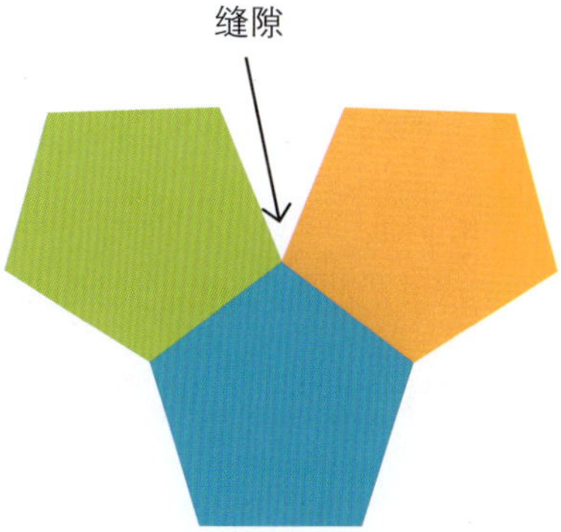

然而，如果这些图形可以不是正多边形（见下图 6—10 号），那么可能性就无穷无尽了：不同角度的菱形、直角三角形、五条边不一样长的五边形，甚至是没有直边的图形。

试试从奶酪、火腿或腌黄瓜上切下各种图形，并在盘子里摆出我们自己的镶嵌方式吧。

镶嵌图

1 2 3 4 5

1. 正方形和正三角形；2. 六边形和正三角形；3. 八边形和正方形；4. 正方形、正六边形和十二边形；5. 这不是半正镶嵌图（一些交点周围的多边形顺序是六边形—三角形—六边形—三角形，而另一些交点则是六边形—六边形—三角形—三角形）；

6 7 8 9 10

6. 菱形；7. 直角三角形；8. 开罗五边形（不规则）；9. 花形五边形（不规则）；10. 幽灵形。

实验求真：水果中的对称性

很多图形都符合一种叫作对称性的规律。比方说，如果我们将一个正方形左右翻转，那么它还会是一个正方形。我们也可以将正方形绕其中心旋转 90° ，而它仍能保持原本的形状。其实很多水果也具有这种对称性。

对称性的种类

轴对称和旋转对称是两种主要的对称性，它们都能用数学语言来描述。

轴对称

我们可以通过找到对称轴来定义轴对称。对称轴是一条直线，在它两侧具有相同的镜像图形。一个正方形有四条不同的对称轴（如下图所示）。如果你找到了一个图形的一条对称轴，那么试试能不能找到更多，有时对称轴不止一条。

旋转对称

为了定义旋转对称，我们需要两个参数：旋转中心和旋转角度。例

正方形的轴对称和旋转对称

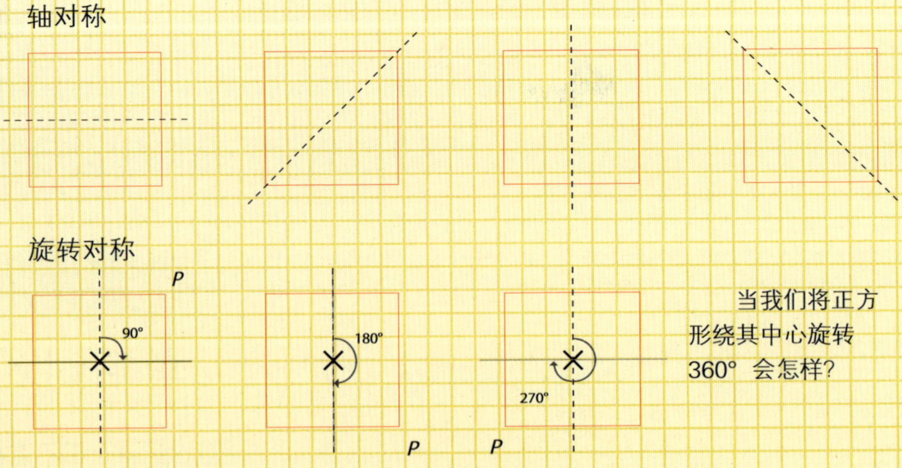

在图中，一个顶点被标记为P，这样我们就知道它转到哪儿了。

如，我们可以把正方形绕其中心旋转 90°，但也可以旋转 180° 甚至 270°，之后它的形状仍保持不变。

一个圆有无数种旋转对称方式，绕其中心旋转任何一个角度，它都不会发生变化。它也关于任何一条直径轴对称。

三维对称

三维图形同样具有对称性。它们不再绕一个点，而是绕一根轴（一条通过图形的直线）旋转。同样地，原本的对称轴也变成了一个对称面（一个将图形切成两半的平面）。

正方体的对称性

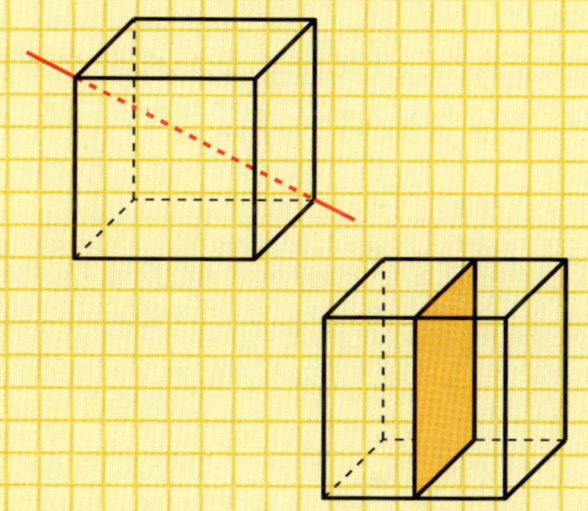

上图为正方体的三类旋转对称轴之一和九个对称面之一。你能找到其他的旋转对称轴和对称面吗？

（答案见第 143 页）

需在成人监督下进行

我们需要：

- 选取一种水果。
- 牙签。
- 小刀。

实验步骤：

在我们所挑选的水果中寻找对称性。由于水果是自然长成的，所以它们或许不会完美对称，但我们可以找到足够接近的结果。

· 水果中是否存在一条旋转对称轴？如果你找到了一条，那么在对称轴的两端插入一根牙签到水果中，再转一转试试。

· 你能旋转水果多少度，使它的形状和最初一样？

· 水果中是否存在一个对称面？如果你找到了一个，那么沿着它把水果切成两半，并比较一下这两半。不要忘记它们是对称的形状，所以不需要这两半完全一致，而应该是一对相反的样子。

切开一个水果后，你也许会发现水果里面的结构也具有对称性。找找这些结构的对称轴和旋转中心吧！

学习讨论：买到最划算的酸奶

超市是一个我们经常会用到数学的地方。如果你想买到最划算的东西，那么你可能会发现自己必须在不同价格的不同商品之间做出选择。下面就是一些找到最划算商品的小窍门。

单位重量价格

如果我们需要在两种价格不同、包装也不同的酸奶之间做出选择，那么售价更便宜的酸奶并不一定总是更划算。如果它们的容量不同，那么我们有可能在花更少价钱的同时，拿到更少的酸奶。下面这个公式有助于计算每 g 或每 mL 商品的价格：

$$\text{每 g/mL 的价格} = \frac{\text{商品总价}}{\text{克重 /mL 数}}$$

只要我们用同样的单位来比较不同商品，用哪个重量单位都不会有影响。

例如，900 g 包装的酸奶售价 3.2 元，而 850 g 包装的酸奶售价 3.1 元。如果我们计算每克的价格，便能得到 900 g 包装的酸奶每克需要 3.2 ÷ 900=0.35 分钱，而 850 g 包装的酸奶每克需要 3.1 ÷ 850=0.36 分钱。所以，尽管 900 g 包装的酸奶售价更高，但它每克的价格其实更便宜。

只要购买的数量不超过我们的需求（最后不会浪费食物），我们就可以通过购买每克价格更低的商品来省钱。大包装的商品往往更划算。

每 g、每 mL 或每件物品的价格统称为“单位价格”，即一个单位商品的价格。

下面这些成对商品中，哪个更为划算？（答案见第 143—144 页）

a）500 g 巧克力棒，售价 10 元。
b）300 g 巧克力棒，售价 5 元。

a）一袋 10 个苹果，售价 6 元。
b）一袋 15 个苹果，售价 8.5 元。

a）400 g 罐头吞拿鱼，售价 2.2 元。
b）600 g 罐头吞拿鱼，售价 3.3 元。

a）一盒 18 个鸡蛋，售价 4 元。
b）一盒 12 个鸡蛋，售价 3.2 元。

（答案见第 143 页）

学习讨论：费米估算——填满一个浴缸需要多少棉花糖

数学家们有时会需要用一个很大的数字来回答问题，而估算一个答案有时会更为简单。费米估算便是一种能够获得足够精确答案的技巧。

填满一个浴缸需要多少棉花糖?

为了回答这个问题，我们可以购买一大堆棉花糖，把它们倒入浴缸直到装满，然后数出它们的全部数量。这可能会花一些时间。但是，也许我们并不一定需要一个精确值，只需知道填满浴缸需要大约300个棉花糖，还是3,000个、30,000个、300,000个或3,000,000个即可。而在一开始，将问题拆成更小的部分能让我们更简单地进行估算。

• 我们可以假设浴缸是一个长方体。(实际上它会具有弧度，但这样假设更便于计算。)

• 浴缸大约与一个人一样长，如果你刚好能躺进浴缸，那么它的长度就是你的身高。

• 浴缸有多宽，又有多深? 大概有55 cm宽和50 cm深。

• 一个棉花糖大约可以填满一个边长2.5 cm的正方体。所以，装满一个浴缸的棉花糖的数量就可以用浴缸的体积除以棉花糖的体积大致算出来。

这些都是粗略的计算，但如果你把它算出来，就会发现这个数字会更接近50,000而不是5,000或500,000。

估算的窍门

• 比较事物与已知物体的大小，例如我们的身高和足球场的大小(90米长)。

• 如果你有时会喝酸奶，而且你对酸奶的热爱属于平均水平，那么你可以假设普通人都会以差不多的频率喝酸奶。

尝试解决更多问题

费米估算有时会被大型科技公司或大学用于工作面试中。回答出下列问题则代表你具有良好的估算和应对困难问题的能力。

• 在24小时内你能念多少遍字母表?

• 装满学校体育馆需要多少个气球?

• 加拿大有多少片枫叶?

• 人们每年会在学校的田径跑道上跑多远?

• 伦敦有多少位钢琴调音师?

• 宇宙中有多少颗行星上生活着人们能与之交流的外星人?

(答案见第144页)

实验求真：如何保持饮料的温度

当我们为某人准备了一杯热饮，而他又迟到了，我们可能会担心等他来了之后饮料已经凉了。但不要害怕，我们可以用数学来解决这个问题。

加牛奶

很多人喜欢在他们的热饮，例如热巧克力、咖啡或英式早餐茶中加一些牛奶来增添风味。但我们往杯子里加牛奶，会让热饮温度下降！

如果我们想让热饮尽可能地保持温度，那么加牛奶的最佳时机是什么时候呢？

- 在我们做好热饮的时候就加牛奶。
- 在我们的朋友来之前再加牛奶。

我们需要：

- 三杯热饮。
- 厨房温度计。
- 2 汤匙牛奶。
- 秒表或计时器。
- 用来记录的纸和笔。

实验步骤：

1. 准备三杯热饮并贴上标签。我们将测试做好热饮时加牛奶（A 杯）15 分钟后加牛奶（B 杯），哪杯较热。同时我们需要用另外一杯（C 杯）作为控制变量来确认不加牛奶会发生什么。

2. 测量热饮的初始温度，并启动计时器。

需在成人监督下进行

实验时间

3. 往 A 杯中加一汤匙牛奶。

4. 每隔一分钟测量三杯热饮的温度，并记录下所有的数据。

5.15 分钟后，往 B 杯中加一汤匙牛奶。然后测量并记录三杯饮料的温度。

在实验最后，哪一杯热饮的温度最高？把你的结果标记在类似下图的图表上。

在下面图表的左侧等间距标上从你记录的最低温度到最高温度之间的数字。

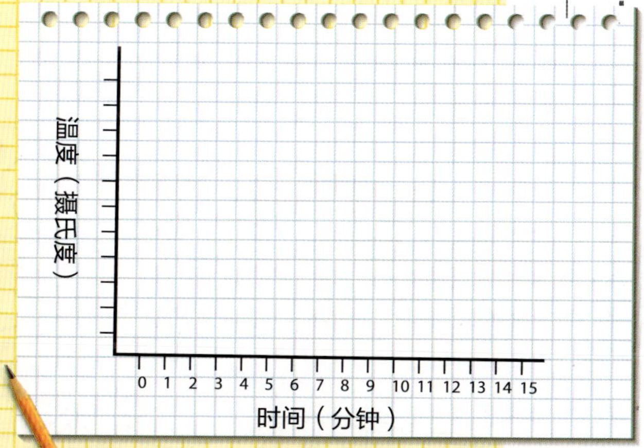

发生了什么？

你应该发现了 C 杯（实验对照组）的温度自始至终都是最高的。

A 杯在我们加入牛奶时温度会变得更低。15 分钟后我们往 B 杯中加入牛奶时，它的温度也会变低，而且通常直到最后都会比 A 杯更低。实验数据表明，如果我们想让热饮尽量保持温度，那么在一开始就加牛奶会比等一会儿再加牛奶更好。

为何会这样？

一杯热饮在凉爽的房间里会随着时间失去热量，因为杯子会将热量辐射至周围的空气中。通过实验，科学家们指出，一个物体冷却的速度取决于温差——较热的物体与周围的温度差别越大，则物体失去热量的速度越快。

这意味着如果我们想通过添加牛奶来保持热饮的温度，那么结果热饮会冷却得更快。无论什么时候加牛奶都会让温度下降，而且由于最初没加牛奶的那杯热饮在等待的 15 分钟里失去了更多热量，所以，加入牛奶后它会冷却得更快。

实验求真：比萨块游戏

这是一种我们能够用比萨块或其他一堆小物品来玩的游戏。这个游戏极具策略性，而且赢家通吃，所以我们在走每一步之前都要经过深思熟虑。

我们需要：

·13个物品（可以是比萨块、硬币、火柴棍、鹅卵石，等等）。

·一位游戏对手。

游戏步骤：

1. 将13个物品放置在两位玩家之间。

2. 玩家们轮流从中间拿走一些物品——每人可以从中拿走1个、2个或3个物品放到自己的面前。

3. 拿走最后一个物品的人获胜（无论最后一个物品是被单独拿走的还是和其他物品一起拿走的）。

游戏的原理是什么？

我们可以先玩几把来看看这个游戏是什么情况。关于游戏的策略，你能发现什么有趣的事实吗？

我们首先注意到的是，如果我们在自己的回合结束时给对方留下了1个、2个或3个物品，那么他们总是能拿走最后一个物品并赢得游戏，因此我们要尽量避免这种情况发生。

如果轮到我们的回合时，场上还有4块比萨，那么我们是不可能获胜的。这是因为无论拿走多少块比萨，我们总是会给对方留下1块、2块或3块，从而令他们获胜。

轮到你了

剩下4块的情况是必输的局面——我们希望自己避免这种局面，而又希望对方遇到这种局面。

所以，我们要如何让对方陷入这种局面呢？剩下4块是必输的局面，因为无论对方怎么拿，我们总是能拿走最后一块。假如桌面上剩下8块比萨而且轮到对方拿，那么无论他怎么选择，我们都能让这两回合一共拿走4块比萨（也就是还剩下4块）。这意味着八块也是必输的局面。

这是否给了你一些关于如何大获全胜的启发呢？

· 如果4块和8块都是必输的局面，还有其他的数量是必输的吗？

· 如果游戏从13块比萨开始，而且我们先拿，那么第一步应该拿几块才能保证我们能赢？

· 如果我们第二个拿，而对方先拿走了2块或3块，那么我们还能赢吗？

· 如果我们第二个拿，而对方先拿走了1块，那么我们能赢吗？

比萨块游戏的变体

本节中的比萨块游戏基于一个非常古老的被称作尼姆的游戏。我们可以通过许多种方式来对这个游戏进行调整。而且在每种情况下，游戏的获胜策略也会发生变化。玩玩我们自己版本的游戏，并研究如何打败朋友们吧。

· 改变初始的比萨块数量。

· 改变每回合我们允许拿走的数量。

· 有多张比萨，而我们每次可以从一张比萨中拿走任意数量的比萨块，拿走最后一块比萨的人获胜。

实验求真：分享巧克力游戏

在本书第 21 页，介绍了一个关于掰巧克力块的谜题。那么，我们是否可以转变一下思路，将其变成一个我们可以与朋友对抗的游戏呢？我们可以使用真正的巧克力块来玩，也可以在纸上画出这个游戏，并用两种颜色的笔标记出我们所吃的小方块。

在一个关于巧克力的游戏中，你也许会希望赢家是拿到最多巧克力的人，但在这个游戏中，获胜与否仍然取决于能否继续采取行动，如果你让对手在他的回合里无法行动，那么你就是赢家。

我们需要：

·一块由小方块构成的巧克力（或在纸上画出一个）。

游戏步骤：

·玩家轮流沿着一条线将巧克力块掰成两个部分。

·掰完后，我们要吃掉其中较小的一块。如果两块一样大，那么可以随便选一块吃。

·最后直到剩下一小块巧克力不能再掰下去了，游戏结束。如果你的对手最后给你剩下了一小块的巧克力，那么你就输了。

在继续读下去之前，先试着玩几把游戏，看看你是否能研究出获胜的策略吧。

游戏示例

怎样才能获胜？

为了分析这个游戏，我们需要回答以下几个问题。

游戏将在多少个回合后结束？

之前的谜题问到，要把一整块巧克力全部掰成一样的小块需要掰多少次。但在这个游戏中，我们并不需要掰那么多次。当我们每回合吃掉一半巧克力时，游戏的回合数将会更难预测。

· 最短的游戏是什么样的？

· 最长的游戏是什么样的？

（答案见第 144 页）

你能预测谁将获胜吗？

这就像第 80—81 页的比萨块游戏一样：如果最后只剩下两个方块的巧克力，而此时又是我们的回合，那么对方就一定会输。因为我们可以把它掰成最小的两块，并把其中的一块留给对方。同样地，如果你给对方留下两个方块的巧克力，那么你保准会输。所以我们要如何避免这种情况发生呢？

我们的对手每次只能吃掉一半的巧克力，所以如果轮到对方时还剩下超过四个方块的巧克力，那么他们就无法给你留下两个方块的巧克力（如果他们掰下一块两个方块的部分，那么就必须吃掉那一块）。这或许能给你一些获胜的启发。

由于这个游戏需要我们沿着一条直线将巧克力块掰开，所以我们在自己的回合总是会拿到一块正方形或长方形的巧克力。哪些尺寸的巧克力是“必胜”尺寸，哪些又是“必败”尺寸呢？列出一直到 10×10 的所有可能性，并进行实验，看看我们能否从中找到获胜的窍门吧。

探索发现：单位的换算

菜谱上常常会以不同的单位列出不同食材的数量——液体的单位有升、液体盎司、汤匙或量杯，而固体和粉末的单位则有克或盎司，有时候也会用到汤匙和量杯。如果我们只有厨房秤或一套不同大小的汤匙和量杯，那么就有可能需要在这些不同的单位之间进行换算。

重量的换算

有两套系统用于测量重量。克（g）和千克（kg）是公制单位，世界上的很多地方在使用它们。而磅（lb）和盎司（oz）则是英美国家使用的重量单位。

换算关系：

- 1 kg=1,000 g
- 1 lb=0.454 kg
- 16 oz=1 lb
- 1 oz=28.35 g(≈28 g)

换算问题：

a）我需要 5 盎司面粉来做一道菜，这些面粉是多少千克？

b）我有 224 克奶酪，这些奶酪重多少磅？

c）4.5 盎司和 0.15 千克哪个更重？

d）1 磅等于多少克？

（答案见第 144 页）

体积的换算

液体和干粉末食材有时会以体积而不是重量来计量。公制单位以升（L）和毫升（mL）来计量体积，其中 1 毫升就是 1 克水的体积。液体盎司（floz）也是计量体积的单位，而且约定俗成定义为 1 盎司水的体积。体积还能用量杯（cup）、汤匙（tbsp）或茶匙（tsp）来计量，这些体积单位在厨房使用起来更为方便。此外，还有品脱（pint）和加仑（gallon）等英制体积单位。

换算关系：

- 250 mL=1 cup=12.5 tbsp=50 tsp
- 4 cups=1 L
- 1 pint=570 mL
- 8 pint=1 gallon
- 1 floz=28.4 mL(≈ 30 mL)
- 1,000 mL=1 L

换算问题：

a）我需要 6 液体盎司牛奶来做一道菜，这些牛奶是多少升？

b）1 汤匙和 0.03 升哪个更多？

c）多少茶匙等于 1 加仑？

（答案见第 144 页）

一些物体的体积同样可以通过测量其尺寸并利用第 38—39 页的公式计算出来——记住 1 mL 就等于 1 cm^3。我们还可以借助第 86—87 页的方法来得到不规则物体的体积。

重量和体积之间的换算

同一种物品的重量和体积数值并不始终相同。如果我们称量不同的食材，就会发现一量杯面粉大概重 128 g，而一量杯黄油则重 225 g。这是因为它们拥有不同的密度或单位重量。我们可以用下面的公式计算单位重量：

$$单位重量 = 总重量 \div 体积$$

这里无论使用哪个单位都可以，只要我们在计算过程中一直使用相同的单位即可。（统一使用公制单位或英制单位会让我们的计算更为简便，而无须在两者之间换算。）

比方说，如果某个菜谱需要半量杯土豆泥，而我们只有一台能称量克重的厨房秤，这时我们就需要先确定一量杯土豆泥重多少克。如果我们从超市买的 1L 包装的土豆泥重 1.5 kg，那么每量杯的单位重量是多少呢？

- 1.5 kg=1,500 g
- 1 L=4 cups
- 单位重量 = 总重量 ÷ 体积 =1,500 g ÷ 4 cups=375 g/cup

由于菜谱只需要半杯的量，所以我们称出 375 ÷ 2=187.5 g 土豆泥即可。

实验求真：有多少薯片，多少气体

你是否有过打开一包薯片，却发现里面一半空着的经历呢？其实我们可以用数学的方式来计算出一包薯片里有多少是薯片，又有多少只是“空气”。

薯片和其他一些膨化食品大多使用塑料包装，但包装里往往充入了氮气等气体来填满剩余的空间。这样做的一个原因是为了防止薯片在包装里碎裂，但有时我们或许会觉得厂家太过小心了，而且我们宁愿里面装更多薯片。下面这个实验就揭示了我们花的钱有多少落到了实处。

测量薯片包装的体积

你或许已经听说过古希腊数学家阿基米德的故事，他在浴缸中大喊了一声“尤里卡（我想到了）！”便跳了出去。阿基米德想到的是当他躺进浴缸时，身体所排开的水的体积（溢出浴缸）就等于身体本身的体积。浴缸中洗澡水的总量不会变化，所以，如果阿基米德完全浸入水中，那么水位的上涨都是由他的身体造成的。

有一些物体难以用尺子来测量体积，而排水法就是一种用于测量这类物体体积的方法。如果薯片是装在正方体盒子里出售的，那么我们只需量出盒子的边长便可计算出包装盒的体积，但它们是装在袋子里的，因此使用排水法会更加简单。

我们需要：

- 一袋薯片。
- 一个大量杯或侧面有刻度的盆。
- 剪刀和胶带。

实验步骤：

1. 将水倒入大量杯中，直到某个刻度处。水应该装满容器的一半左右，但停在一个整数刻度处，会便于我们的计算。

2. 将整包薯片完全浸入水中，并查看新的水位高度。我们需要保持住这个水位，但不要让手或手指浸入水中太多（因为它们同样会排开一些水）。

3. 要计算出一袋薯片的体积，只需从水加袋子的体积中减去水的体积。

4. 从水中拿出薯片袋子并擦干，接着在上面剪一个小口，尽量排尽里面的空气，再用胶带将袋子重新封好。确保它不漏水！

5. 再次测量此时薯片的体积（开始测量之前先检查一下水量，它可能与最初有所不同）并算出袋子除去空气后的体积。

有待思考的问题

- 两次测出的体积差多少？
- 薯片袋子的体积中有百分之多少是薯片，有百分之多少是空气？
- 你对袋子里空气的体积数感到惊讶吗？如何比较不同品牌的薯片哪个价格更划算？有时两袋薯片不会因为包装袋一样大而拥有相同数量的薯片——记得检查一下它们的重量。

阿基米德

阿基米德是伟大的古希腊哲学家、科学家、数学家、物理学家、力学家。他和高斯、牛顿并列为世界公认的三大著名数学家。

查看我们的薯片！

一些超市会在货架前列出每件商品的总价和每克的价格。我们可以借助这些价格标签，或查看包装上写的重量，来看看哪个品牌的薯片性价比最高，哪款薯片比其他品牌的更多——哪怕这些薯片的包装袋都一样大。

探索发现：蜜蜂也是数学家

蜜蜂为全世界 80% 的水果、蔬菜和种子作物授粉，为人类的食品工业提供了无可替代的服务。但你知道蜜蜂也是数学家吗？

蜜蜂钟爱六边形

蜂巢由蜂蜡构成的正六边形网格组成，就像第 68 页的正镶嵌图和第 48 页的饼干排列形状一样。这种排列方式使得在蜂巢中储存蜂蜜具有极高的效率。

养殖蜂巢

在生产蜂蜜的商业化农场中，蜂农会为蜜蜂提供一种带有正六边形网格的基板用于筑巢，所以这些农场中的蜂巢平坦而整洁。但即便在野外，蜜蜂同样会建造正六边形的蜂巢。

正六边形排列（相较正方形或正三角形）的主要优点是能用较少的筑壁材料提供最大的孔洞面积，因此蜜蜂只需生产较少的蜂蜡用来筑巢。

蜜蜂能感应磁场

蜜蜂以及其他许多生物，包括一些啮齿动物、鸟类、鱼类、爬行动物、细菌和其他昆虫，似乎都具备探测磁场的能力，并会使用这种能力进行导航。

研究磁场的科学家们使用数学工具来对磁场的强度和方向进行建模，但蜜蜂可以用它们的内脏器官感应到磁场！

蜜蜂的腹部有一种叫作磁铁矿的磁性物质，里面含有铁元素。蜜蜂能够使用这种物质来探测并跟踪磁感线，所以它们总能找到附近的路。人们发现，如果将蜜蜂暴露在强磁铁下，它们则会失去导航能力。

蜜蜂在不断解决数学问题

蜜蜂从花朵中采集花蜜，每次都要造访 50~100 朵花，然而一旦蜜蜂发现了附近所有可以采蜜的花朵，就必须决定按怎样的顺序去造访它们。如果按照一个良好的顺序去采蜜，蜜蜂便可以节省大量用于飞行的时间。

在数学上，这类问题被称作旅行商问题：一名在不同地点之间到处旅行的商人希望找到拜访一组潜在客户的最短路线。

在实验中，人们观察到蜜蜂使用“最近邻”法来选择路线——它们从一朵花找到最近的另一朵花并飞过去。这并不一定能找到效率最高的路径，但效果已经足够好了。

一旦某只蜜蜂找到了一条优良的路线，它就总是会沿着这条路线去采蜜。这种行为叫作巡逻线觅食，我们在许多物种身上都观察到了这种行为，这展示出了蜜蜂非凡的记忆能力。

野生蜂巢

蜜蜂产蜜非常慢

我们在超市里能轻易买到 500 g 一罐的蜂蜜，但为了生产出这么多蜂蜜，蜜蜂们需要采集大约 200 万朵花的花蜜。

这是一个数学游戏：每只蜜蜂只能存活数周或数月，而在它们的一生中，一只蜜蜂只能生产大约 0.5 g（1/12 茶匙）蜂蜜。不过每个蜂巢中大约生活着 50,000 只蜜蜂。

一个健康的蜜蜂种群每年能够生产 30~50 kg（60~100 lb）蜂蜜，而每千克蜂蜜的形成都伴随着蜜蜂 195,109 km 的飞行距离和大量被授粉的花朵。

实验求真：制作图表，发现家人最喜欢的糖果

图像和表格是展示数据的好方式。在这本书中我们已经见过好几种用食物展示数据的方式——第 22—23 页字母饼干的表格，以及第 57 页的比萨饼图。下面是一些我们能在家中让数据可视化的点子。

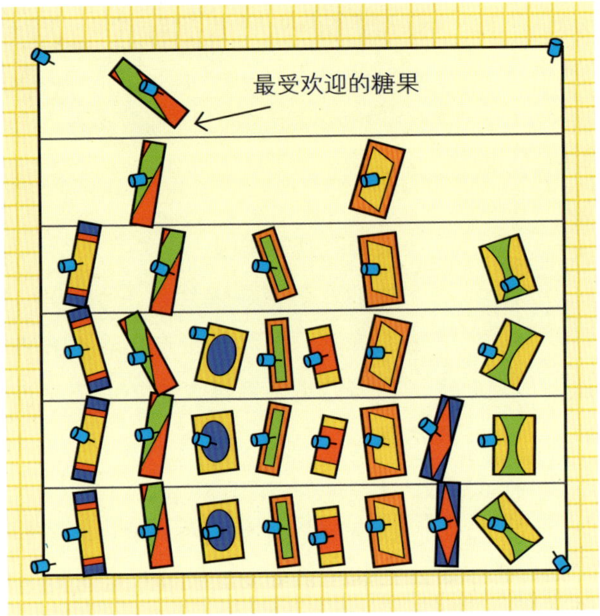

糖纸

如果我们买了一堆不同口味或种类的糖果，而它们又是单独包装的，那么我们就可以在吃完糖果后把糖纸收集起来，并用这些糖纸来制作图表，看看哪种糖果是家里最受欢迎的。某种特定口味糖果的空糖纸越多，那么这一种糖纸堆起的高度就越高。把它们做成条形图展示出来吧。

彩色积木

你家有没有玩具积木？这些积木有多少种颜色呢？将它们按照颜色分成几堆，并用每个颜色的积木分别搭出一个物体。搭出的物体越大，说明你拥有这个颜色的积木就越多。这些物体可以是一些高大的长方体，那么我们就有了一个三维条形图。或者你也可以发挥创造力，做一些不同的东西。比如，机器人、花朵，或者是城市天际线。

能扔多远?

你和你的朋友、家人能把东西扔多远？在若干个沙包或其他可以扔的东西（不会弹跳）上分别用标签贴上每个人的名字，让所有人站在同一个地方并全力把沙包扔出去。接着给这些沙包落地的地方拍照，这样我们就得到了一个展示每个人扔得有多远的表格，而我们每个人的照片已经用标签标记好了！

绘制二维数据

散点图通过绘制在两条坐标轴上的数据点展示出有关两种不同属性的信息。收集一些你喜欢的零食，并从中选出两种属性进行测量，这些属性可以是重量、所包含的热量、口味（按照你的看法，满分可以是 10 分）、包装的颜色（从红色到紫色的光谱顺序），等等。然后在一张纸上画出一个大图表，并在图表底部和左侧将你选取的属性标记在轴上，接着把这些零食放在适当的位置上，表示出它的两个属性的值。你能看出其中的相关性吗？

相关性

如果两个事物之间存在相关性，那么它们之间的变化就存在一定规律。例如，你或许发现腿越长的人跑得越快，这就是一个正相关的例子。如果我们在散点图（例如下图）中绘制了具有正相关性的两个事物，那么这些数据点就会聚集在从左下到右上的一条线附近。事物之间也可以呈现负相关，例如，农场附近散布的狐狸越多，农场里的鸡就越不想出去。负相关性在图表上显示为从左上到右下的趋势。

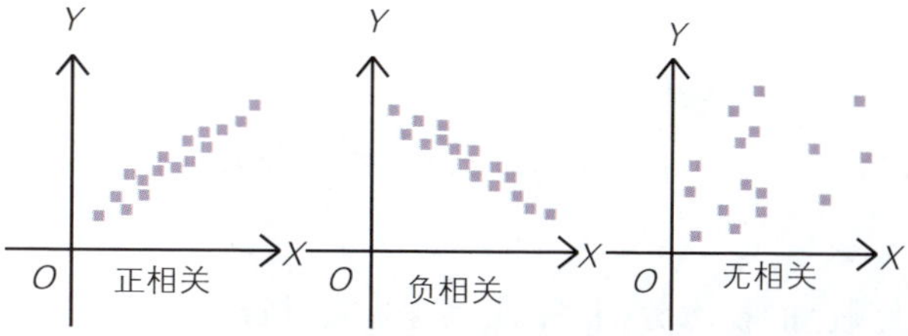

两个事物之间具有正相关性并不一定意味着它们之间具有因果关系。这可能纯属巧合，或者还有第三个因素共同影响这两个事物。

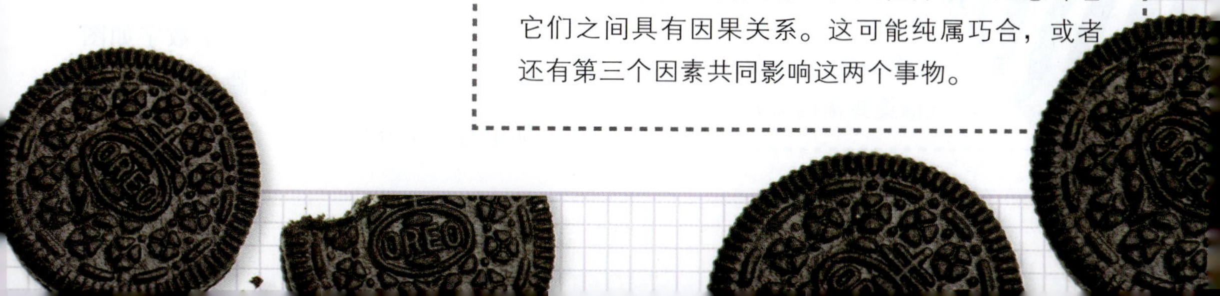

探索发现：装箱谜题

在本书第 21 页，已经提到了一个关于把杂物装到包里的收纳谜题。那便是一个优化问题的例子。优化问题需要我们借助数学工具来描述某种情形，并找到做某件事最具效率或最好的方式。

装箱问题

当我们有一些固定尺寸的容器（深度、承重量或体积），还有一些想要装入其中的物品时，我们就遇到了一个装箱问题。

通常装箱问题需要将尺寸不一的物品尽可能装入少量的包装箱中，但"包装箱"可以指代任何物品——食品储物架、货车车厢，甚至是数据储存服务器上的空间。相同的数学分析方法也可以用于不同长度的木料和管道的切割工作中。

最简单的一种装箱问题是用深桶来装物品，而各种盒子只有一种方式刚好装入其中，所以我们只需考虑盒子的高度即可。

（以下数字长度单位皆为 cm）

·我们有几个高度分别为 4、7、2、4、2 的盒子，还有一些刚好能够装下这些盒子的高度为 13 的深桶。我们最少需要几个深桶来装下所有这些盒子？

·我们还有另外几个高度分别为 9、8、2、2、5、4 的盒子，还有一些高度为 10 的深桶。我们最少需要几个深桶来装下这些盒子？

（答案见第 144—145 页）

我们可以通过最后剩下了多少空间来确定装箱方案的效率。在一个示例中，你可能会发现最后只剩下了一点点空隙，但在另一个示例中，在深桶顶部仍留有很大空间。通过测算效率，数学家们便能比较各种解决方案，从而提出更好的方法。

装箱算法

装箱算法能给出一组指令，告诉我们每个物体放在何处。

1. 首次适应算法。

将深桶排成一列，并从左到右编号。每当从物品堆中按顺序拿到一件物品，就把它装入第一个能够装下它的深桶，如果这件物品无法装进已有的任何一个深桶，就把它装进一个新的深桶。

2. 最差适应算法。

每当从物品堆中按顺序拿到一件物品，就把它装入已有的深桶中剩余空间最大的那个。如果这件物品无法装入已有的任何一个深桶，就把它装入一个新的深桶。

如果我们的盒子高度分别是 7、4、2、4、5、1 和 5，而深桶的高度是 10，那么最差适应算法就需要 4 个深桶，而首次适应算法则需要 3 个深桶。

3. 首次适应降序算法。

先将所有物品按照尺寸大小降序排列，再对它们应用首次适应算法。

4. 最差适应降序算法。

先将所有物品按照尺寸大小降序排列，再对它们应用最差适应算法。

这类装箱问题还可以拓展到两个甚至三个维度，那样问题会变得更加复杂，并需要更为智能的算法。

装箱问题

盒子高度	深桶高度
7，7，7，4，4，4，13，13，13	24
4，6，4，1，6，1，4，4	10
2，2，3，3，3，3，4，4，4，6，7，7	12
11，2，15，5，6，17，7	20
2，5，4，7，1，3，8	10

左边的5种情况分别适合哪种算法？试着编写一个我们自己的装箱问题来测试每种算法吧。哪个算法效率最高？

学习讨论：平均分享圆形食物

许多深受人们欢迎的食物都是圆形的，例如，蛋糕、小饼干、派和薄饼等。相较正方形和长方形，把它们切成相同大小和形状的几块会更为困难。下面就是一个切分圆形的数学技巧。

找到圆心

我们切开一个圆时，通常都希望沿着过圆心的直线去切。那么我们如何准确地找到一个圆的圆心呢?

找到圆心的方法：

1. 在圆上任意画一条两端接触圆周的直线，这种直线称作圆的弦。

2. 测量这条弦的长度并找到它的中点。

3. 用三角板（或任何一个长方形的角）通过弦的中点画一条它的垂直线。这条线将会穿过圆心。

4. 重复以上步骤，再画第二条弦及其中垂线。两条弦的中垂线的交点便是圆心的位置。

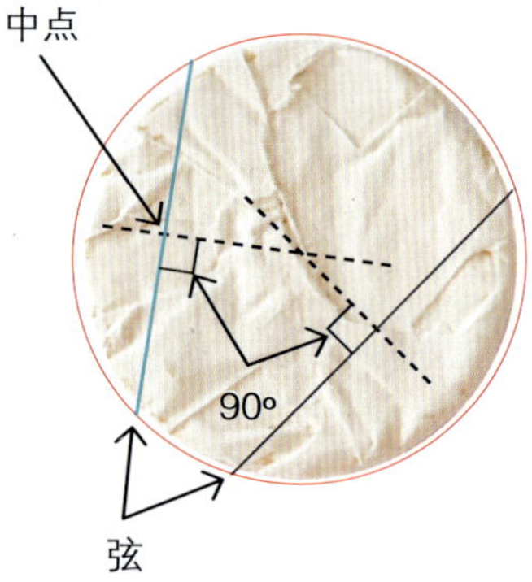

就像上面的方法那样，许多用于寻找圆心的数学方法都需要在圆上画线，这在我们还打算要吃的圆形食物上是不太现实的。

下面是一种无须在食物上画线的方法。这个方法借助的原理是圆心就是直径的中点，而直径是圆形最宽的地方的宽度。

1. 把我们的圆形食物放在一张纸上。

2. 抻直一根线去比画我们的食物，移动线的一头，直到找到圆形最宽的地方。如果我们让手指一直接触食物的边缘，那么经过最宽的地方后，再移动线头时，我们的双手就会逐渐靠近。

3. 在纸上和线上做记号，标记出

那根线与圆周相接的位置。

4. 把线对折，让线上两个标记出的点重合（捏住它们），并在这一段线的中点做上标记。

5. 把线放回圆形食物上，对齐标记，重新放回圆上最宽的位置。此时线上的中点即是圆心的位置。

角度是多少？

现在找到了圆形食物的圆心，我们就可以沿着圆周到圆心的直线把它切成相同大小的几块了。但我们要从哪里开始切呢？

如果我们有量角器来测量角度，那么就可以通过下面这个公式计算出所需的角度，并在食物上量出来：

$$\frac{360°}{\text{要切的块数}} = \text{每一块的角度}$$

比如，要平均切成 6 块的话，每一块的角度就是 360° ÷ 6=60°；平均切成 15 块的话，每一块的角度就是 360° ÷ 15=24°。

五等分

如果我们要平均切成 5 块，那么还有一种只需一张纸便可确定角度的简易方法。

- 裁出一张两边互相平行的纸带（2.5 cm × 28 cm 的尺寸最佳）。
- 用它打一个结，确保纸的两头是平整的。
- 轻轻拉扯结的两端（注意不要撕破），并将它压平。
- 把纸带两头切掉或折进去。这样我们的纸结就变成了一个完美的正五边形！

正五边形的每个内角都相等，所以我们可以把它放在圆形食物的中心，并用这些角度切出同样大小的五块。

学习讨论：让蛋糕保持新鲜的切法

当我们切蛋糕时，通常的方式是找到它的圆心（见第 96—97 页）并沿着经过圆心的直线来切。但如果我们不想一次吃掉整个蛋糕，那么剩下的蛋糕就会暴露在外，这可能会让蛋糕变干，口感变差。让我们借助一些数学技巧，来寻找一种更好的切蛋糕方法。

有多少蛋糕暴露在外？

为了让计算更为简便，我们可以假设蛋糕的半径和高度都是 1 个单位。下面先来确定一些基本的事实。

- 蛋糕顶部的糖衣面积是多少？（你现在可以把 π 保留在答案中，而不是用 3.14 来代替。）
- 围绕蛋糕一圈的长度（圆周长）是多少？
- 我们需要多大面积的糖衣才能覆盖蛋糕的整个表面？（假设蛋糕的底面一直在盘子上，而且不需要糖衣。）

想象我们切下了整个蛋糕的 1/9，就像下一页顶部的图片那样。

- 蛋糕侧面有多少糖衣被切走了？用它占蛋糕侧面糖衣的比例来回答。
- 蛋糕顶部有多少比例的糖衣被切走了？
- 有多少面积的糖衣仍留在蛋糕上？

现在来想一想没有糖衣的部分。

- 蛋糕有多少面积暴露在外？（我

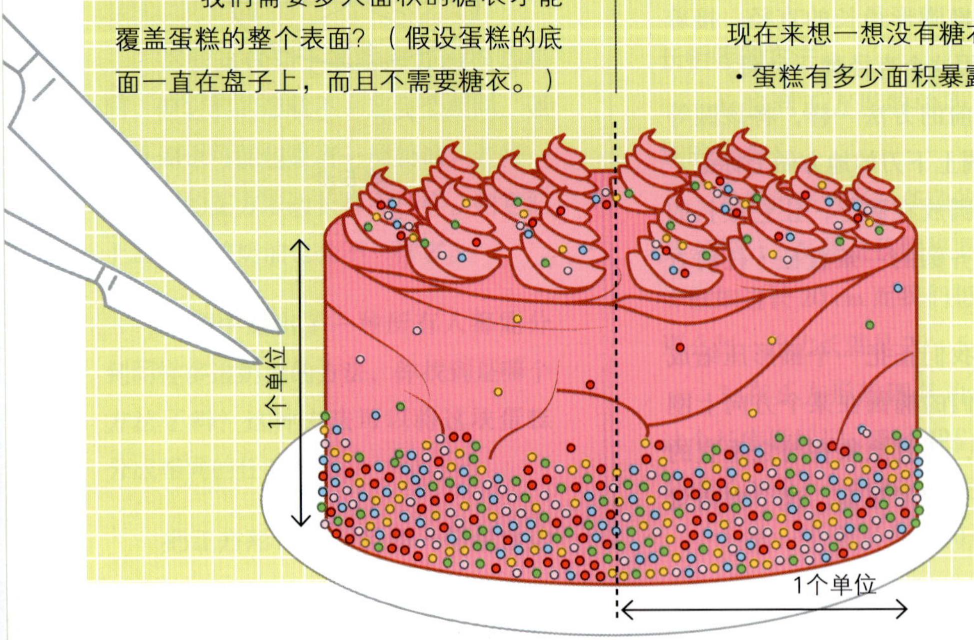

们已经知道了蛋糕的半径和高度。)

· 如果我们考虑蛋糕现在的整个表面积，其中有多少比例是带有糖衣的？(用之前几个问题的答案来算出总表面积。)

接下来，切去蛋糕的另外 1/9，那么现在的蛋糕：

· 有多少面积是暴露在外的？

· 这部分占整个蛋糕表面积的比例变大了还是变小了？

(答案见第 145 页)

按照这种方法切蛋糕始终都会有两面暴露在空气中。但无须担心，有一种更好的方法来切蛋糕。

如何利用数学知识切蛋糕

1906 年，科学杂志《自然》的一封读者来信中，就提到了下面这种能够避免蛋糕变干，但依然可以切下较大蛋糕的方法。

这种方法不再从圆心开始切出扇形，而是从蛋糕中心切出一个长条。我们可以抽出这一条蛋糕再切开分享。

接着把剩下的两半推到一起来消除间隙。

如果我们还想再切一块，那么就把蛋糕转 90°，切下另一个长条再把剩下的蛋糕合到一起。通过这个方法，我们最后剩下的还是一个圆形的蛋糕。

我们还可以按自己的需要继续这样切下去。

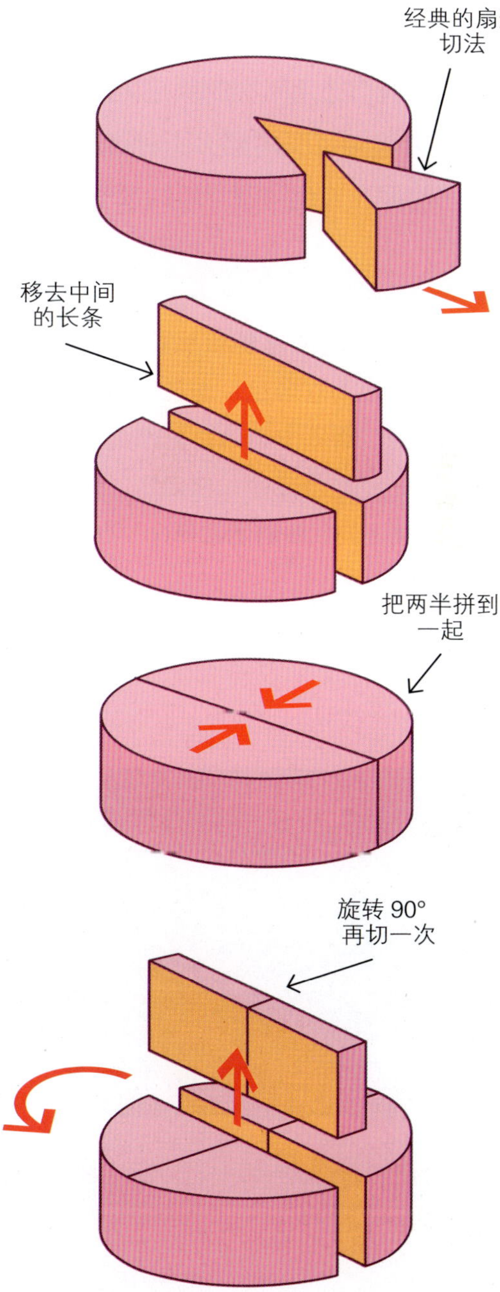

探索发现：为蛋糕裹上四色糖衣

如果我们想用不同的颜色为蛋糕裹上糖衣（或给其他东西着色），那么可能事先就会想知道要用到多少种颜色。除了数字和计算之外，数学家们还研究形状——隐藏在着色问题背后的数学其实相当有趣。

多少种颜色?

想一想右边的这种蛋糕设计。如果我们只想用三种颜色为它着色，而且每个部分都必须着色——不可以将不上色的白色作为第四种颜色。除此之外，还必须遵守一项规则：两个相邻部分的颜色必须不同。我们能做到这一点吗？

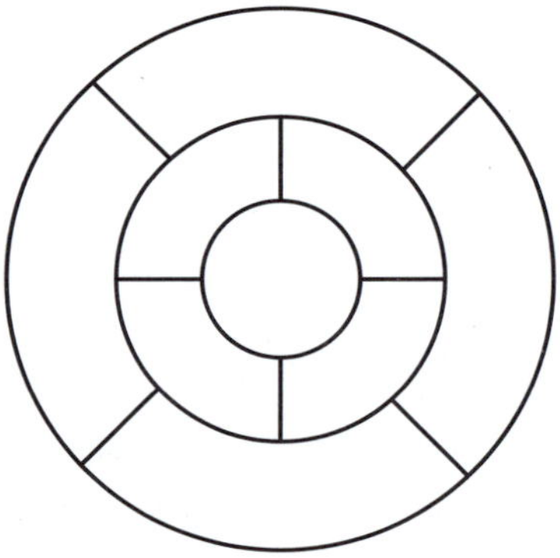

如果你认为这种蛋糕不能只用三种颜色着色，那么你能证明你是对的吗？你能说服别人吗？

证明它!

数学家所做的许多工作都是为了证明自己的理论——向其他数学家展示自己的推理，并说服他们这些观点是正确的。

着色的数学问题可以追溯到1852年，当时一些地图制作者想要知道需要几种颜色，才能为整张地图上色而保证相邻的国家颜色不同。如果他们只有三种颜色的墨水，那么可以满足以上需求吗？

有一些设计是可以用三种颜色着色的，但显然也有一些设计需要四种颜色才能完成。而问题在于：是否存在一种设计需要四种以上的颜色才能上色呢？还是说最多就只需要四种颜色呢？

需要几种颜色？

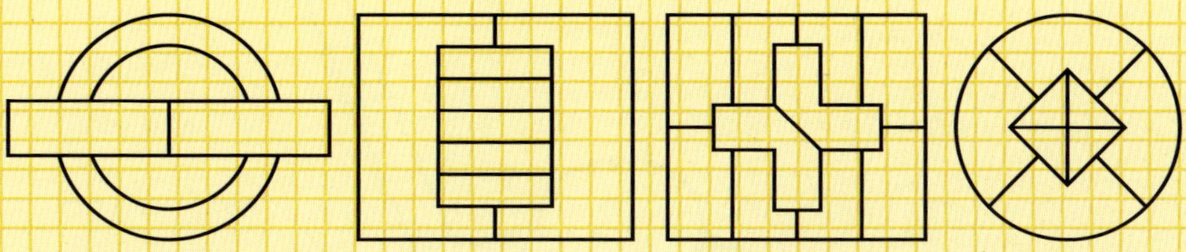

在保证相邻的部分颜色不同的前提下，这些图案设计能用三种颜色上色吗？还是需要更多颜色呢？它们中有需要超过四种颜色的吗？

这个问题最终于1976年得到了解决，那一年数学家们证明了四色定理。四色定理指出，在一个平面上或球面上的任何地图都可以只用四种颜色着色，且保证相邻的部分颜色不同。所以，若我们想要完美地为蛋糕做一层彩色糖衣，那么好消息是只需四种颜色即可做到这一点。

甜甜圈的情况呢？

四色定理对任何画在平面或球面上的图案都成立。但如果要着色的形状更加复杂，就像甜甜圈或圆环蛋糕（中间有一个洞）那样呢？在环形的物体上，有可能存在这样一种设计：整个物体表面被分成七个部分，而每个部分都和其他六个部分有接触。所以这样的设计必须要用七种不同的颜色才可能完美着色。

甜甜圈装饰

这是一种用七种颜色装饰的甜甜圈，其中每种颜色都接触到了不同的颜色。

第四章
逻辑思维

探索发现

学习讨论

实验求真

探索发现：煎饼数

当我们想要解释一个想法时，借助真实世界的例子来展示它的原理是一个好主意。有一组特殊的数字便以“煎饼数”的名字为人所知，因为用煎饼来解释它们是一个很好的方式。

煎饼问题

假如我们在一家煎饼餐厅当服务员，而餐厅里的主厨有一套非常独特的做煎饼方式。无论客人点了多少煎饼，主厨都会将它们做成大小不一的尺寸，并把它们叠在盘子上——但不是按照大小顺序叠的。

而我们作为服务员的挑战就是，在把这些煎饼端上餐桌之前按正确的顺序叠放它们（最小的在顶上，最大的在底部），而且只能用另一只手中的锅铲将煎饼堆靠上方的某一部分倒转过来。

例如，我们拿到的三块煎饼排列顺序是 3–1–2，那么我们可以将上面的两块煎饼翻转过来，它们的顺序就对了。

对于任何数量的煎饼堆，我们都能算出它们有多少种不同的排列方式。事实上，我们早就已经看到过这个数字了（见第 8—9 页的阶乘）。

有 N 块煎饼，就有 $N!$ 种不同的方式排列它们。因为最底下一块煎饼有 N 种选择，下一块有 $N-1$ 种选择，以此类推。

所以，三块煎饼就有六种排列方式。而对于每种排列方式，你都能写出将它们变回正确顺序所需的翻转次数吗？

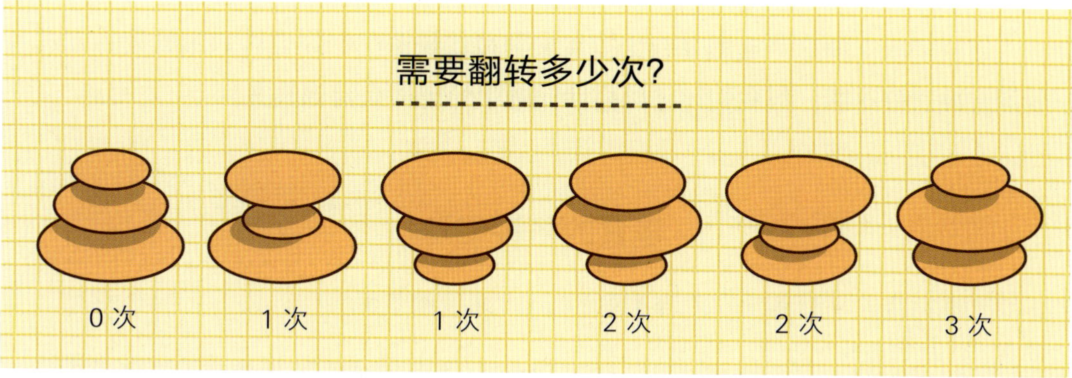

如果我们按照最少的次数来操作，那么需要翻转多少次呢？对于特定数量的煎饼堆所有可能的排列方式，我们可以列出一系列所需的翻转次数，就像上面展示的三块煎饼那样。

三块煎饼所对应的煎饼数就是从上面这个数列中找到的最大数字——在这个三块煎饼的例子中，最大翻转次数就是三次。

· 列出一些四块煎饼可能的排列，并将它们以尽可能少的次数翻转到正确排序。

四块煎饼的煎饼数是四，所以没有哪种排列会需要超过四次翻转来解决。当煎饼的数量变多时，煎饼数也会不断变大。数学家们已经算出了 20 块煎饼所对应的煎饼数（而且他们还在继续这项工作）。

为什么？

你也许想知道这与数学有什么关系。其实煎饼只是解释这个问题的一种方式，它的主要内容是我们需要将一组事物按照正确的顺序排序，而每次只能翻转这组事物顶部的部分。

计算机算法被用于数据的排序问题，而在计算机科学和数学的交叉领域，排序算法的地位十分重要。通过翻转一组对象的前面一部分来对其进行排序的方法叫作前缀翻转，这也是许多知名数学家和计算机科学家正在研究的课题。

学习讨论：找到吃零食的规律

你能解决下面这些谜题并找出零食中隐藏的秘密吗？你也许只用数数的方式就能解决这些谜题，但我们还可以借助问题中的规律来得到答案。

零食的各种吃法

1. 假如我们平时喜欢吃六种不同的零食，而且会遵循一种特定的规律。第一天吃一个苹果，第二天吃一根香蕉，第三天吃一些奶酪，第四天吃一个甜甜圈，第五天吃春卷，第六天吃沙拉三明治，然后又回到第一天的苹果。

假如今天是周五，而我们吃了一根香蕉：

a）那么下周四我们会吃什么零食？

b）如果今天算成第一天，那么第五十天我们会吃什么零食？

c）你能给出吃苹果的天数的规律吗？

2. 我们的一位朋友也对零食很挑剔，他喜欢每天吃不同数量的葡萄干。今天他要吃一颗葡萄干，接着明天吃两颗，下一天吃三颗，以此类推。当他某天吃了七颗葡萄干后，第二天又会回到吃一颗葡萄干的循环。

a）假如今天是周一，那么这一周（从周一到周日）他会吃几颗葡萄干？

提示：第 26 页的内容或许会有帮助，你还记得数列吗？

b）假如今天是第一天，那么他会在第五十二天吃多少颗葡萄干？

c）到第 52 天结束为止，他一共吃了多少颗葡萄干？

3. 我们决定从现在开始只吃苹果和香蕉——今天吃苹果，明天吃香蕉，接下来的两天吃苹果，再吃两天香蕉，然后是苹果、香蕉各吃三天，以此类推。每次我们吃相同零食的天数都会增加。

a）假如今天是第一天，那么我们会在第十天吃什么零食？

b）第五十天我们又会吃什么呢？

c）从第几天开始我们会吃一整个月的苹果？

4. 我们现在还是只吃苹果和香蕉，但每天吃什么取决于前两天吃的什么。如果前两天吃的内容相同，那么就吃苹果；如果前两天吃的内容不同，那么就吃香蕉。在更换新吃法的前两天，我们吃的都是香蕉，但接下来都会按照上面的规则选择当天吃什么。

a）我们会以怎样的规律吃苹果和香蕉？你能用一个简单的规律把它描述出来吗？

b）在更换新吃法的第十天我们会吃到什么？第十二天呢？

（答案见第 145—146 页）

学习讨论：称重谜题，找到那颗假的小熊软糖

下面是一些关于称重的有趣谜题。拿起你的厨房秤（你也可以想象一个正常工作的秤），并着手解决这些“重量级”问题吧。

有分量的数学

哪个砝码?

我们有一套分别重 3 g、4 g、5 g、6 g 和 7 g 的砝码。去掉它们中的一个，其他的砝码全部放到秤上，显示的总重量是 19 g。那么哪个砝码没有放到秤上?

接着把所有砝码放到秤上，再拿走另外一个，现在的总重量是 22 g。哪个砝码被拿走了?

假货小熊软糖

我们有 7 包小熊软糖，其中每一颗软糖的重量都是 10 g。但是市面上还有一种假的小熊软糖，这种假货每一颗的重量只有 9 g。有人告诉我们，我们手上的小熊软糖中有一包是假的。而我们只有一次机会使用厨房秤，那么要如何才能找到哪包软糖是假的呢?

提示：我们只有一次机会称重，所以需要从每一包里分别拿出不同数量的小熊软糖，并放在一起称重。厨房秤只会告诉我们总重量，但它可以称量超过 7 颗小熊软糖。

苹果天平

天平是用于比较两个物体重量的一种工具，在现代重量秤（带有数字显示屏或指针，能够直接告诉我们秤盘上的物体有多重的秤）问世之前被人们广泛使用。我们一般会借助一套砝码来使用天平，其中每个砝码上面都标记着它们各自的重量。如果我们在天平的两端放上相同重量的物体，那么天平就会保持平衡，两个秤盘会停留在同一高度上。如果一侧的物体更重，那么天平就会朝着这一侧倾斜。

我们有三个苹果，每一个的重量都不同，而问题在于它们看上去却是一样的。我们要如何只用一台天平将这些苹果按重量排序呢？为了确定苹果的重量顺序，最少需要用到几次天平呢?

重磅纸杯蛋糕

我们正在烘烤 9 个纸杯蛋糕，却不小心让一枚硬币掉入了面糊中。当我们倒面糊时，也没有看见那枚硬币倒进了哪个纸杯里，所以最后的纸杯蛋糕中有一个会比其余的更重。

而遗憾的是我们只有一台天平，而且很快就要出门，所以只来得及用两次天平。我们要如何在两次称量中找到那个带硬币的纸杯蛋糕呢?

（答案见第 146 页）

探索发现：如何倒出两杯甜度一样的热可可

假如我们已经制作了一扎热可可，但它已经沉淀了，所以底部的浓度更高，而越往上浓度越低。那么，我们要如何倒出两杯热可可，令它们的浓度一样呢？

浓度和数字

如果我们先倒一杯，再倒另一杯，那么它们就会有不同的浓度。但如果我们不一次性倒一整杯，那么也许有一种方式能够让两杯的浓度相等。想想看，你能否在继续读下去之前提出一种方法呢（假设一扎热可可可以倒两杯）？当然，在现实生活中我们可以直接搅拌热可可，但即便做不到这一点，仍然有一种方法能使两杯热可可的浓度相等。

如果我们先倒一个半杯，接着倒满另一杯，最后再倒满第一杯，就应该能获得两杯浓度相同的热可可。这是因为最浓和最淡的部分混合在了一起并获得了平衡，而中间浓度的部分则倒进了另一个杯子。

这种倒热可可的顺序可以被描述为 ABBA，其中 A 和 B 分别代表两个杯子，而每个字母代表着倒出半杯。

倾倒的规律

这种形式被称为苏 – 摩尔斯（Thue–Morse）序列，它有许多实际用途。对于许多事情来说，轮流来是一个好主意，但有时候先行一步会带来一些好处。而苏 – 摩尔斯序列意味着即便某人先行一步，另一方也有机会在第二回合先行。也可以认为这是轮流让两方先来。

而为了延续这个序列，只需将已有部分的 A 和 B 对调一下，作为后面的一半再加上去即可。我们可以一直这样操作下去，所以更长版本的苏-摩尔斯序列如下所示：

ABBA

ABBA BAAB

ABBA BAAB BAAB ABBA

ABBA BAAB BAAB ABBA BAAB ABBA ABBA BAAB

这也是在游戏中挑选团队的好方法。假如你和你的朋友分别是两队的队长，并要从8个人中挑选自己的队员。我们将按照每个人的能力为他们从强到弱排序，并且你们总是会从剩下的人中能力最强的那个挑起。

如果由你的朋友先挑，并采取轮流挑选的方式，那么他每轮挑选的队员都会比你挑选的要强一些。但如果按照ABBABAAB的顺序来挑选，结果就更为均匀了。

轮流挑选法：

1+3+5+7=16

2+4+6+8=20

苏-摩尔斯挑选法：

1+4+6+7=18

2+3+5+8=18

这种轮换的规律还被建议用于足球比赛中的点球大战中，这样，先射门的球队就不会获得先手优势。

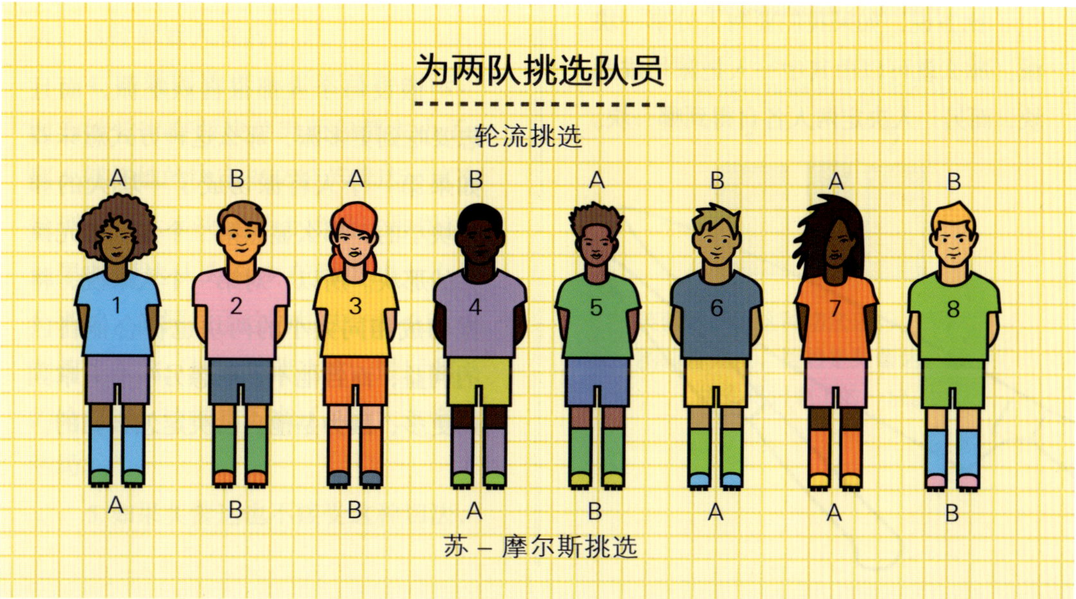

学习讨论：难倒网友的食物数学谜题

你可能并不觉得在社交网络上会出现太多数学内容，但其实经常有数学谜题在网络上被人分享，成为风靡一时的挑战。这类问题往往用某些图案来代替数字，所以我们也可以轻松愉快地将它们分享给朋友和家人！

图案画问题

数学中经常使用各种符号来代替我们并不知道具体数值的数字。比方说，假如我们并不知道便当盒里有几个饭团，就可以用某个字母——例如 F——来指代饭团的数量。

图案画也可以派上用场，现在我们可以借助饭团的图案，宣称自己有🍙个饭团。

例如，当我们说“我手上饭团的数量是虾的两倍”时，这句话就可以写成：

🍙=2×🦐

饭团的数量是虾的两倍。

这种方式也不会指明我们到底有多少饭团和虾。但如果我们说：“我吃了四只虾后，就只剩下一只了。”那用符号就可以写成：

🦐−4=1

从虾的总数中减去四只，还有一只，也就是说🦐=5。现在我们可以把这个代入第一个等式：

🍙=2×🦐=2×5=10

所以，🍙=10，🦐=5。

数学中的字母

在数学领域，人们会使用字母表中的字母来代表未知的量。最常用的字母是 x、y 和 z（因为没有多少单词以这几个字母开头）。而有些字母代表特定的量，例如，t 代表“时间”，v 代表“速度”等，e 和 i 等字母则代表特定的数值，就像希腊字母 π 那样（见第 1 页）。

除了拉丁字母（A—Z）和希腊字母（包括大写和小写）之外，数学家们有时还会使用希伯来文中的字母，例如，$\aleph$（阿列夫）。有时他们还会使用拉丁字母的特殊版本，例如，$\mathbb{Z}$ 和 $\mathbb{R}$ 等“黑板粗体”字母、$\mathscr{C}$ 和 $\mathscr{G}$ 等花体字母，甚至是 $\mathfrak{A}$ 和 $\mathfrak{B}$ 等哥特式字母。（目前还没有已发表的数学论文使用任何图案画符号。）

你能解开它们吗？

你能算出下面这些图案画问题中每个符号分别代表什么数字吗？如果某个符号前带着一个数字，它就代表着这个符号的几倍。所有的图案画都代表一个正整数。

1.

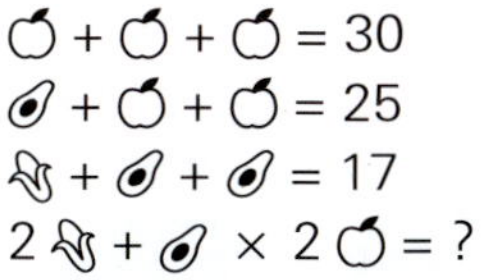

2.

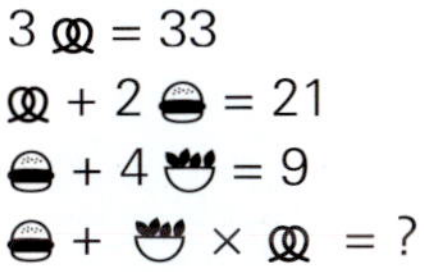

3.

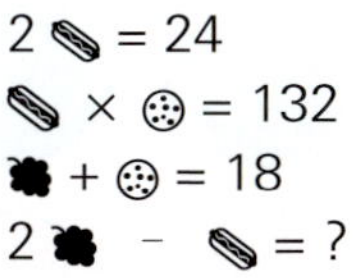

4.

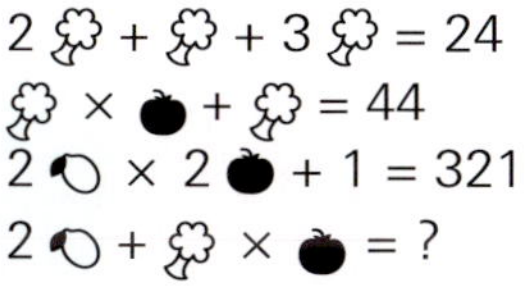

5.

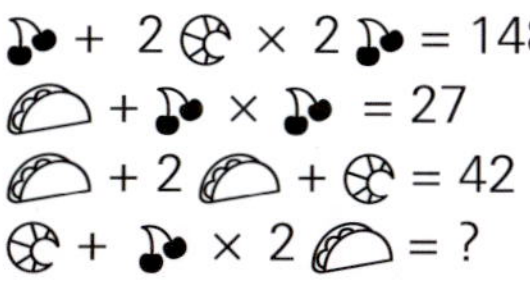

提示：这道题会难一点，我们可以试试将几个数代替，看看哪个数能够让等式成立。

（答案见第 146—147 页）

学习讨论：面包师和厨师谁在说假话

逻辑思维是一种对数学家们而言极为有用的技能。某种风行一时的逻辑谜题涉及两种人：永远说假话的厨师和永远说真话的面包师，可他们长得一模一样！你能用逻辑分出他们谁是谁吗？

小测验：逻辑问题

1. 我们遇见了两个人（他们可能是厨师或面包师），贾兹和泰勒。贾兹说："泰勒是厨师。"而泰勒说："我们都不是厨师。"

那么他们：

a）都是厨师（说假话）。

b）贾兹是厨师，泰勒是面包师。

c）泰勒是厨师，贾兹是面包师。

d）都是面包师（说真话）。

结合我们所听到的内容，分析以上选项的正误。

2. 接下来我们又遇见了山姆和埃兹拉，他们可能是厨师或面包师。山姆说："我们都是厨师。"

那么他们：

a）都是厨师（说假话）。

b）山姆是厨师，埃兹拉是面包师。

c）埃兹拉是厨师，山姆是面包师。

d）都是面包师（说真话）。

3. 我们遇见了耶尔和尼基塔。耶尔说："我们中有一个是厨师。"而尼基塔告诉我们："只有一个厨师才会说耶尔是厨师。"

那么他们：

a）都是厨师（说假话）。

b）耶尔是厨师，尼基塔是面包师。

c）尼基塔是厨师，耶尔是面包师。

d）都是面包师（说真话）。

4. 后来我们又撞见了戴犹和阿里。戴犹说："我们要么都是厨师，要么都是面包师。"而阿里补充说："戴犹会告诉你我是厨师。"

那么他们：

a）都是厨师（说假话）。

b）戴犹是厨师，阿里是面包师。

c）阿里是厨师，戴犹是面包师。

d）都是面包师（说真话）。

5. 最后一个谜题加入了糕点师——他们可以随心所欲说真话或说假话。

我们在回家的路上遇见了三个人，而且知道他们中有一个厨师、一个面包师和一个糕点师，但不知道他们各自是什么身份。他们的名字分别是阿基拉、布莱尔和科迪。阿基拉说："我是面包师。"布莱尔说："阿基拉说的是真的。"科迪说："我是一名糕点师。"

他们中哪一位是厨师，哪一位是面包师，哪一位又是糕点师呢？

（答案见第 147 页）

学习讨论：西瓜谜题

你下一次吃西瓜或其他水分含量高的水果时，可以想一想下面这个谜题——这些水果中包含多少水分？但是，请注意有时水的比例会误导我们！

西瓜谜题

某个炎热的一天，我们带着一个重 12 kg 的西瓜去与朋友分享。我们把它装在自行车的后座上，并在烈日下出发。出发时，西瓜的含水量是 99%，但在烈日下，它的水分会不断流失。当我们到达朋友家的时候，西瓜的含水量降到了 98%，那么它现在有多重呢？

在继续阅读下去之前，请花一点时间想想这个问题。

一天之内变化的水分

百分比是确定各成分所占比例的一个实用的方法，但当数量发生变化时，百分比依然是以 100% 作为总和的，所以可能会有一些奇怪的情况发生。

仅从逻辑上考虑这个问题，你也许会理所当然地认为西瓜的重量只减少了一点，因为含水量只从 99% 降到了 98% 而已。但我们需要用数学计算来确定这一点！

首先我们需要知道西瓜中有多少水分，又有多少固体成分。如果西瓜的含水量是 99%，那么就意味着有 1% 的成分是由固体组成的。

由于整个西瓜的重量是 12 kg，也就是 12,000 g，那么它的果肉和外皮中的固体成分就有 1%，就是 12,000 g ÷ 100=120 g。这部分的重量不会随着水分蒸发而改变，但如果我们移去部分水分，这部分固体成分则会在整个水果中占据更大的百分比。

当水分蒸发后，西瓜的含水量变成了 98%，这意味着它有 2% 的固体成分。如果 120 g 占据了 2% 的重量，那就意味着 60 g 是西瓜总重的 1%，所以西瓜这时的重量是 6,000 g，也就是 6 kg。它居然比之前轻了一半！

百分比在记录和理解信息时能起到很大的作用，但正如这个谜题所展示的，如果我们忘记了百分比代表着一个实际数字，它们有时看起来就会很奇怪。

例如，如果一家报纸报道说某种疾病的发病率增加了一倍，这可能只意味着发病率从 0.25% 上升到了 0.5%，这个百分比表明这种病仍旧极为罕见！

探索发现：用文氏图给食物归类

数学经常会涉及将事物划分到各种集合里。例如，奇数和偶数，不同边数的多边形等。文氏图就是一种数学家用于展示各种事物分别属于哪个集合的工具。

双重文氏图

右侧的图表就叫作文氏图，其中的每个圆圈都代表一种属性。如果某个事物具有这种属性，就要放进这个圆圈里，而如果没有这种属性，则放在圆圈外。而白色的长方形代表所有事物（包括不带有任何属性的），所以，任何我们想要加入文氏图中的事物都会位于这个长方形内。

你能完成下面的文氏图吗？它应当包含从1到10的数字，而这些数字应被分类进奇数和平方数（整数乘以它自身得到的积）的区域里。几个数字已经被填进去了：1属于平方数和奇数，2既不是平方数也不是奇数，而3只属于奇数而不是平方数。

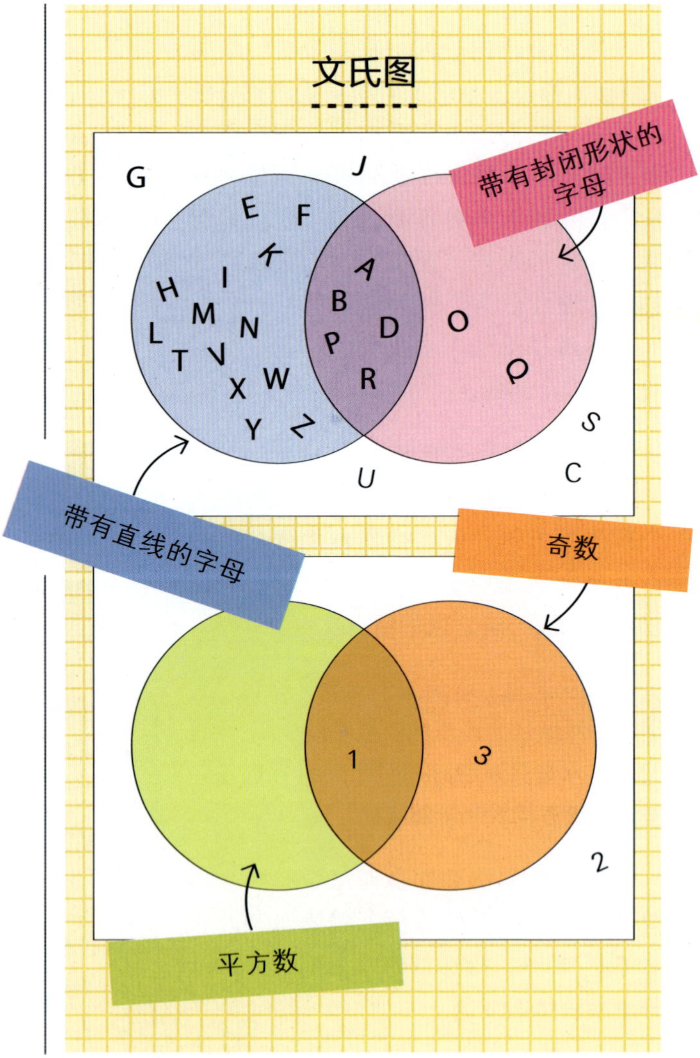

三重文氏图

如果我们想要比较两个以上的属性，那么还可以创建一个带有三个重叠的圆圈的文氏图。这些圈中同样包含着具有相应属性的事物，其中有三个较小的区域包含同时具有两种属性的事物，而正中间的一个区域则包含具有全部三种属性的事物。

如果我们想在餐桌上为各种食物安排位置，将它们分成几类，就可以使用类似右图这样的文氏图。你能想出一些能够填入这些类别及其交汇处（多个圆重叠的地方）的食物吗？

如果某种食物位于两种属性交汇的地方，那么它就不具有第三种属性，这是很重要的。例如，胡萝卜条是一种健康的蔬菜，但我们不能用勺子吃它。

（答案见第 147—148 页）

设计我们自己的食物文氏图!

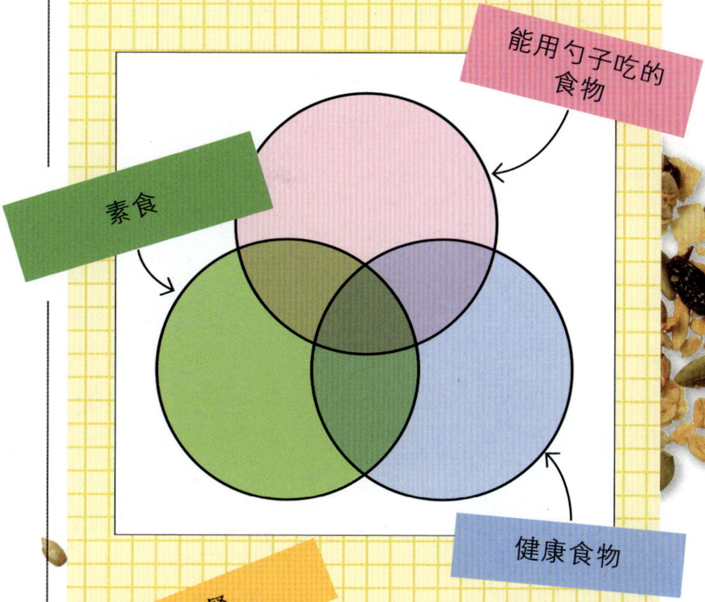

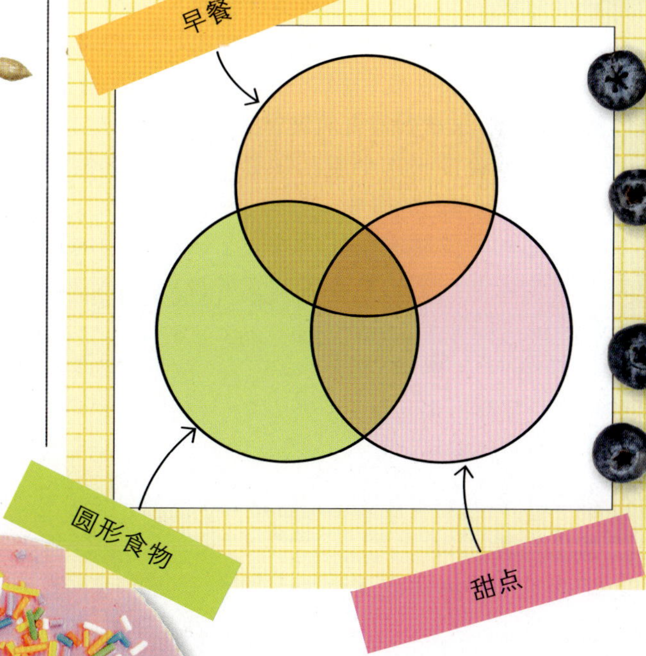

学习讨论：上餐游戏

假如你和朋友们正坐在餐厅的餐桌旁，而服务员每次会为大家上一人份的套餐。每个人都在等待自己点的套餐上桌，而且会等到所有人都拿到自己的套餐再一起开始吃，但这样就只有最后拿到自己套餐的人能够趁热吃了！你能预测谁将会是这个人吗？

按顺序上餐

服务员按照下面的规则来送餐上桌：

· 首先跳过 1 号座位的人，接着依次隔开一个人上餐，依次拿到餐食的就是 2、4、6、8……号座位上的人。

· 如果转了一圈回来后，轮到了某个已经上过餐的人，那么服务员就会忽略他，并每隔一个人送一份餐——服务员每为一名未拿到餐食的顾客送餐后，就会跳过下一个未拿到餐食的顾客。

· 服务员会按照这个规则送餐，直到所有人都拿到自己的餐食。

如果你和四位朋友坐在餐桌边（一共就有五个人），那么能最后拿到餐食的最佳座位是几号？

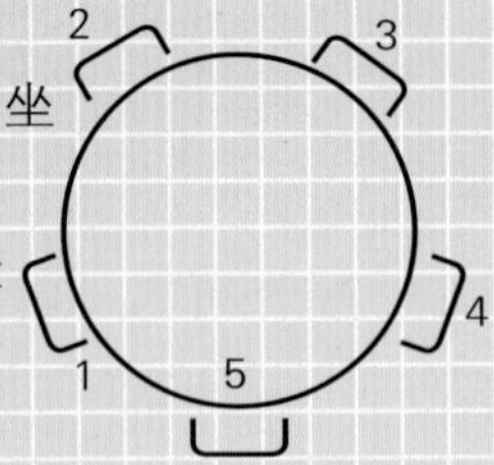

如果有 N 人围坐在餐桌边，你能算出最后拿到餐食的最佳座位是几号吗？

解决问题

下面是一些解决此类数学问题的一般技巧：

· 如果我们想弄清楚当 N 不同时会有什么情况发生，就必须考虑每一种情况。当服务员转了一圈回到第一个人时，会发生什么？

· 从一个较小的数开始，看看会发生什么。在数字较小的情况下，我们可以自己数出答案。虽然这个答案并不完整，但也许会给我们提供一些线索。

· 画图通常会起到帮助。我们可以在圆圈外面写下一圈数字，并划去得到食物的座位号码，记下整个过程中的送餐顺序。

· 尝试了几种情况后，我们可以把这些答案列出一个表格，以便寻找其中的规律。如果你认为自己已经找到了其中的规律，那么就预测下一个答案会是多少，然后检验它。

· 我们得到的答案可能会包含某种规律，或许你会发现相同答案的 N 值也存在着一定规律。

· 你能描述这个规律，并总结出关于最佳座位的一般规律吗？你无须用公式把它写下来，只用文字描述即可。

跟你的朋友和家人聊聊这个问题吧，在外就餐坐在圆桌旁的时候就是一个好时机。你也可以查看书后的答案来获得一些提示。

（答案见第 148 页）

学习讨论：谁知道自己头上厨师帽的颜色

在本节的逻辑谜题中，人们戴着不同颜色的厨师帽，却无法看到自己头上的厨师帽是什么颜色。试着用数学推理来解决这些问题吧。

帽子戏法

1. 三名厨师坐在一起，他们可以互相看见对方头上帽子的颜色。

他们知道帽子只有两种颜色——红色和蓝色，而且知道三顶帽子中一顶是一个颜色，两顶是另一个颜色。

三名厨师中，谁能准确地回答出自己头上的帽子颜色呢?

如果他们获得了额外的信息：有两顶蓝帽子和一顶红帽子，那么现在谁能准确地回答?

2. 三名厨师坐在一起，他们可以互相看见对方头上帽子的颜色。

他们知道自己头上的帽子是从五顶帽子中选出来的，这五顶帽子有三顶是红色，两顶是蓝色。

他们依次被问到自己头上的帽子是什么颜色。第一名厨师回答说不知道，第二名厨师也不知道，这时第三名厨师能够准确回答出自己头上帽子的颜色吗？

3. 四名厨师排成了一列，他们能看到前面的人头上的帽子颜色，但不能看到自己和后面的人头上的帽子颜色。

厨师们知道帽子有三种颜色——红色、绿色和蓝色，而且其中两种颜色分别只有一顶，另一种颜色有两顶。

厨师们从后往前依次被问到自己头上的帽子是什么颜色。排在最后面的那名厨师回答“绿色”，他答对了，而其他的厨师也答对了！他们头上的帽子一定会是什么颜色？这些帽子又是以什么顺序排列的呢?

4. 四名厨师按照下图的样子排成一列，他们能看到前面的人头上的帽子颜色，但不能看到自己和后面的人头上的帽子颜色，而且也无法看穿墙壁。厨师们头上的帽子颜色如图所示。

厨师们知道帽子有两种颜色——红色和蓝色，而且知道每种颜色的帽子各有两顶。

所有的厨师都紧张地思考了几分钟，这时一名厨师大喊：“我知道我的帽子是什么颜色了！”

这名厨师是谁？他又是怎么知道自己头上的帽子颜色的?

（答案见第 149 页）

探索发现：用甘特图计划完美的晚餐

有许多种不同类型的表格和图像可以用于展示数据（见第 90—91 页），其实表格也能展示一些其他非数据类的信息。甘特图就是一种展示计划和事项相关信息的方式，我们还可以用它让家庭烹饪变得轻松无比。

全部列到表中

下面就是一个关于烹饪的甘特图案例：最上方是时间，左侧则是有待完成的事项。这种方式非常适合规划复杂的工作，它能让我们明确知道为了按时完成事项，应该从什么时候开始动手。

表中的一些事项需要依赖另一些事项，这意味着我们必须先完成上一项才能继续开始下一项。例如，在“烤火鸡”之前，我们必须先“准备火鸡”。这种关系是通过从一个事项结束处画一个向下的箭头指向另一个事项的开始处来表示的。

我们可以移动表中的某些事项。例如，可以更早地将土豆削皮、煮熟并捣成泥（假设它们可以一直保温到晚餐），或迟一点再摆桌子。但互相关联的事项必须按照顺序来进行。

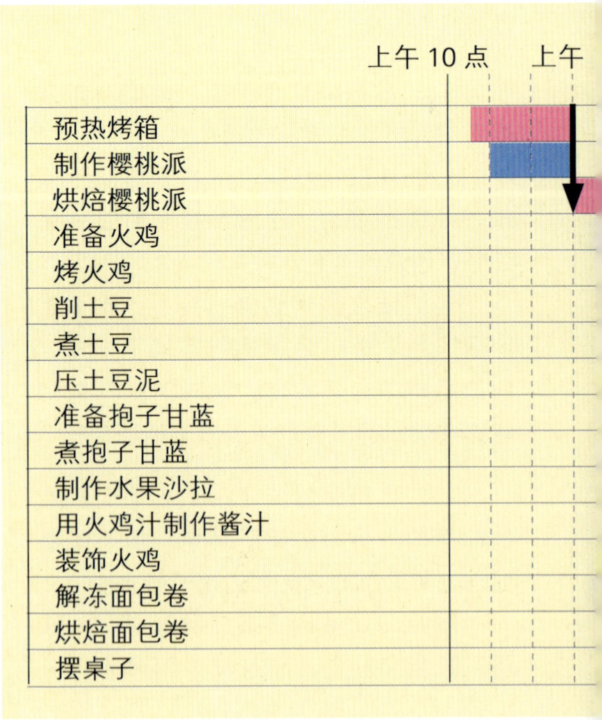

关键路径

整个项目所花费的时间取决于其中互相关联的事项。例如，有三个分别需要花费一小时的事项互相关联，每一个事项都必须等待上一个事项完成才能进行，那么整个过程就至少需要花三个小时。这种受到限制的一系列事项被称为关键路径。人们使用甘特图时，会借助关键路径来确定某个项目的完成需要花费多长时间，以及是否可以更快地完成。

我们还可以使用不同的颜色来指示每个事项需要在哪里完成，或需要用到哪种资源。如果我们不小心于同一时间安排了超过灶台数量的锅，便能通过颜色发现这一点，并重新进行安排，避免冲突。这种方法还能让我们发现过程中的间隙——如果烤箱有半个小时没有被使用，那么我们还可以用烤箱额外烤一道甜点。

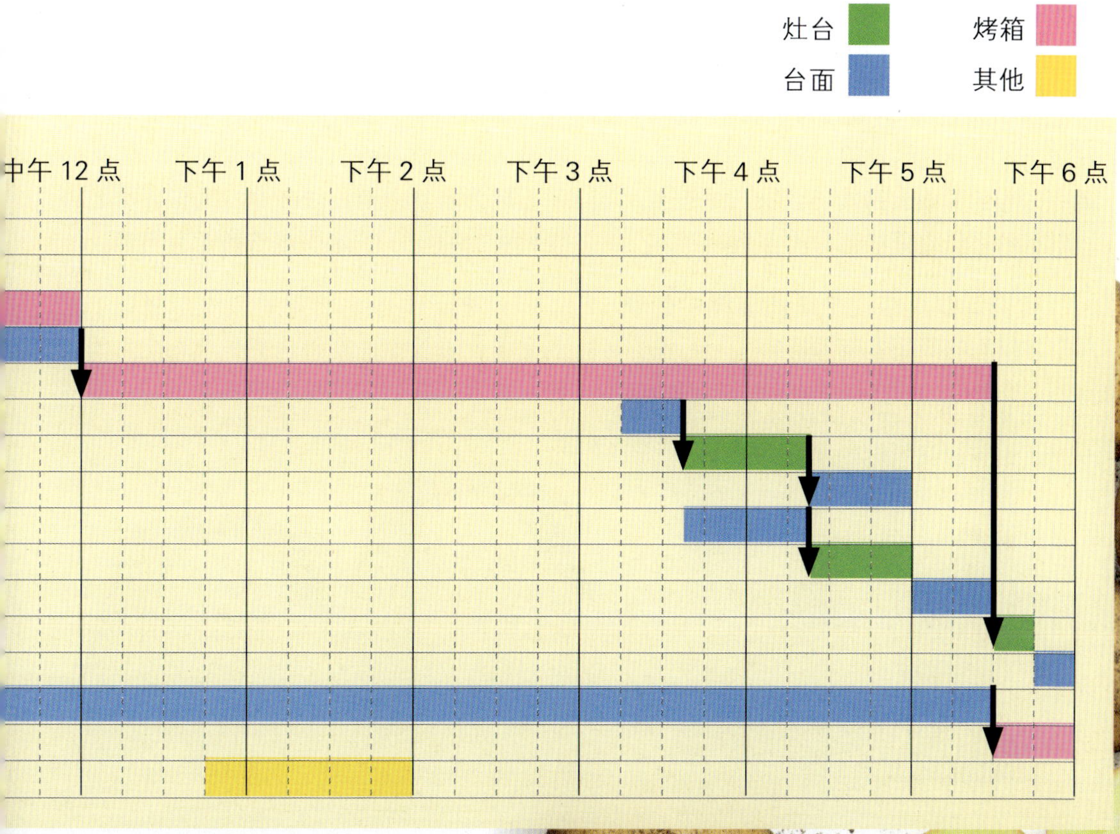

学习讨论：纸杯蛋糕的逻辑

朋友为我们带了一些纸杯蛋糕过来，但他并没有告诉我们这些蛋糕具体都是什么口味的。你能用逻辑推理将其分析出来吗？

纸杯蛋糕的逻辑

有四个纸杯蛋糕：一个巧克力味、一个香草味，还有两个仍在盒子里。如果不打开盒子，我们就不知道里面是什么口味的蛋糕，但其中一个盒子标记着内含坚果，而另一个标记不含坚果。我们不知道已经拿出盒子的两个纸杯蛋糕含不含坚果，但可以切开它们来确认。

这时，妈妈——一名巧克力蛋糕爱好者，并有轻度的坚果过敏反应——来到厨房，看到了桌上的纸杯蛋糕，并问道："所有的巧克力蛋糕都含有坚果吗？"

我们需要检查四个纸杯蛋糕中的哪几个才能回答妈妈的问题呢?

在继续读下去之前花几分钟时间想一想，也可以问问你的朋友们。

心理测试

这是一个著名问题的改编版本。该问题被称为"华生选择测试"，测试中提出了一个类似的关于写有字母和数字的卡片问题。这个测试的有趣之处在于许多人都把它做错了。

大多数人都意识到我们需要切开巧克力味蛋糕来查看其中是否含有坚果。一部分人也想打开标记着"不含坚果"的盒子，因为若其中有一块巧克力蛋糕，那么妈妈就有得吃了。这些想法都没有问题。

还有不少人也想查看"内含坚果"的盒子，看看里面是否也有一个巧克力蛋糕。但我们其实无须检查里面。

“内含坚果”的盒子里也许有一个坚果巧克力蛋糕，但妈妈不能吃它。里面也有可能是坚果香草蛋糕，但这也不能帮助我们回答妈妈的问题。

无论里面是什么，它都不影响“所有的巧克力蛋糕都含有坚果”这个问题的答案，因为这个盒子里的蛋糕肯定是有坚果的。如果要证明“所有的巧克力蛋糕都含有坚果”这种说法是不正确的，我们必须找到一个不含坚果的巧克力蛋糕。

难解之处

这个问题涉及一个单向命题：“所有的巧克力蛋糕都含有坚果。”也可以换成更为逻辑性的说法：“如果一个蛋糕是巧克力味的，那么它含有坚果。”

这种“如果……那么……”式命题是数学家们书写规则的方式。例如，我们可以说：“如果一个数是偶数，那么它能被 2 整除。”事实上，这个命题是双向的，我们也能说：“如果一个数字可以被 2 整除，那么它是偶数。”

人们总是做错这个问题的一大原因是他们误以为这是个双向命题。人们很容易弄混“如果一个蛋糕是巧克力味的，那么它含有坚果”和“如果一个蛋糕含有坚果，那么它是巧克力味的”这两个命题，但实际上它们是不同的。如果一个蛋糕含有坚果，那么妈妈根本不会在乎它是什么口味的，因为她不能吃它！

下面这些“如果……那么……”式命题哪些是真命题？哪些双向为真？

1. 如果一个图形的形状只有三条直边，那么它就是三角形。

2. 如果一个图形是正方形，那么它有四条直边。

3. 如果 X 和 Y 是奇数，那么 $X+Y$ 是奇数。

4. 如果 X 比 4 大，那么 $X+2$ 比 4 大。

5. 如果一个硬币比 1 角值钱，那么它是 5 角硬币。

6. 如果一个蛋糕含有坚果，那么对坚果过敏的人可以安全地吃掉它。

7. 如果一个数比 2 大而且是质数，那么它是奇数。

（答案见第 149—150 页）

探索发现：鸽笼原理——11份零食装进10个午餐袋

在数学中，一些思路在许多不同情况下都能派上用场。本书第 12 页介绍了鸽笼原理，它有助于我们解决糖豆谜题。但鸽笼原理具体是怎么解释的？它又能如何应用到午餐袋上面呢？

有多少零食？

鸽笼原理基于这样一个简单的设想：假如我们有 10 个午餐袋，而一共有 11 份零食要装进去，那么至少有一个午餐袋会装入两份或更多零食。

有可能会有超过一个午餐袋装了两份零食，比如，我们可以在五个午餐袋中都装两份零食，然后在第六个袋子中装一份零食，其他的都空着。但重点在于，无论我们怎么安排，哪怕所有的午餐袋都派上用场，也不可能做到每个袋子中只有一份零食。

· 如果有 N 个袋子，那么要装多少份零食才能确保至少有一个袋子里装了两份零食呢？

鸽笼原理

这种设想被称作鸽笼原理，因为它最初是由将信件放进邮件格（pigeonhole，跟“鸽笼”是同一个英语单词）的设想而来的，这是“为不同的人送去邮件”的步骤之一。在数学上进行证明时，鸽笼原理十分有用。

它能用在什么地方?

下面是一些鸽笼原理能够派上用场的情形。

· 如果有 32 个人的生日都在 5 月份，那么他们至少有两个人的生日在同一天。

· 一般来说，我们需要房间里有多少人才能保证有两个人的生日在同一天？（假设我们并不知道任何关于他们生日的信息）

· 在任何一个包含 27 个或更多单词的英语句子中，至少有两个单词是以同一个字母开头的。

· 在悉尼，至少有两个人拥有相同数量的头发！这是因为人类头发的平均数量是 100,000 根，而任何一个大城市的人都远远多于这个数字，所以这些人的头发数量不可能每个人都不同。

（答案见第 150 页）

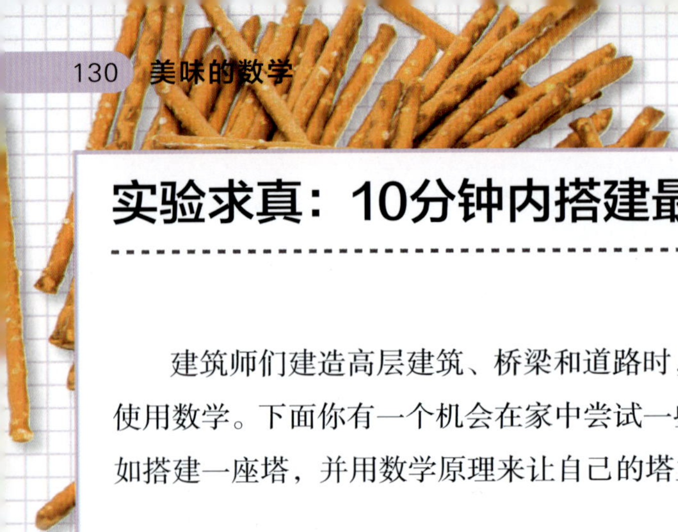

实验求真：10分钟内搭建最高的塔

建筑师们建造高层建筑、桥梁和道路时，无时无刻不在使用数学。下面你有一个机会在家中尝试一些工程项目——如搭建一座塔，并用数学原理来让自己的塔立得更高。

我们需要：

- 一包中等大小的棉花糖。
- 又长又脆的零食，例如，椒盐饼干棍或细面包棍。
- 秒表或计时器。
- 长尺或卷尺。
- 每人一个作为底座的盘子。
- 几位朋友。

实验步骤：

我们的挑战是在10分钟之内建造最高的塔。将小棍插进棉花糖里来把它们搭起来。当10分钟结束时，塔必须自行站立不倒，从盘子到整座塔能够保持直立的最高点的距离就是塔的高度。

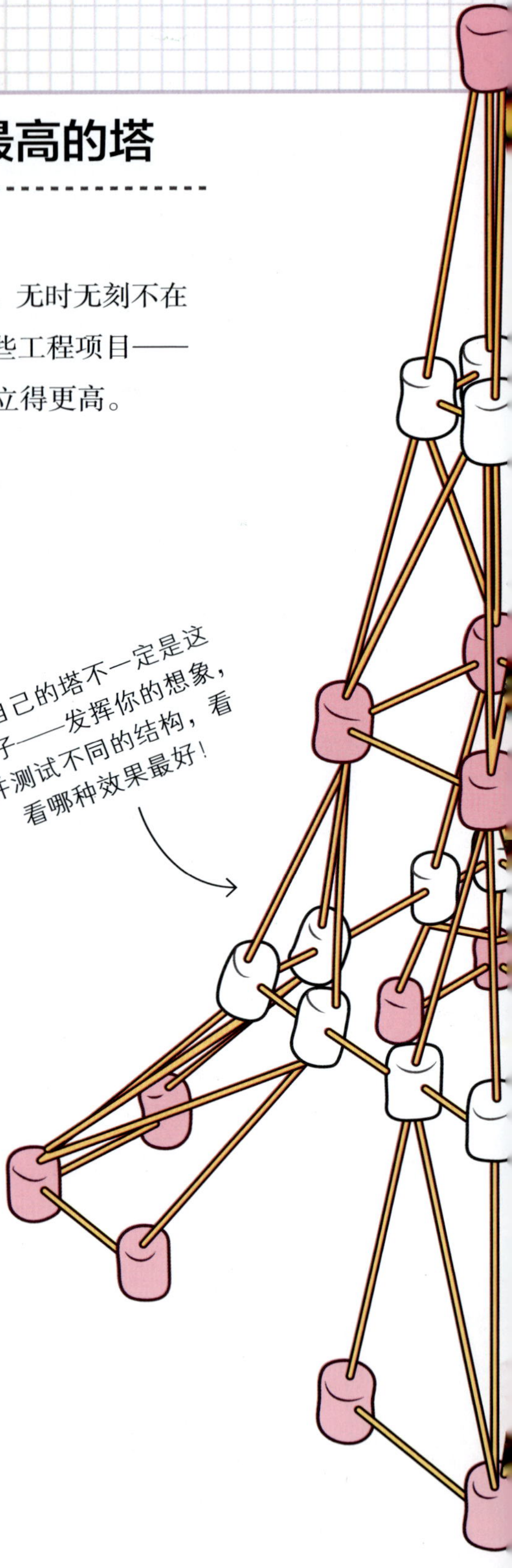

关键技巧

在开始之前，你或许会想要读一读下面这些内容——一些工程领域的关键技巧，以及工程师们为了更好地建造而使用的数学原理。

宽大的底部结构

许多高层塔式结构——例如，输电塔或巴黎的埃菲尔铁塔——都借助了宽大的底部结构来支撑较细的顶部结构。

考虑重量

塔的每个部分都必须能够支撑所有在它上方的结构，所以我们需要尽量将底部造得更为坚固。当我们增加塔的高度时，需要考虑如何让顶部的结构变得更轻——一个有效的办法是让它变窄。我们还可以使用半个棉花糖来固定顶部的拐角，或将小棍掰得更短来使用，从而让设计变得轻量化。

使用三角形

工程师和数学家喜爱三角形，因为三角形具有十分稳定的结构，能够保持自身形状不变。如果用棉花糖和小棍做一个正方形，你会发现它并不能很好地维持自身的形状。但如果在正方形的对角线上加一根小棍，让它变成两个三角形，那么整体结构就会变得更加牢固。

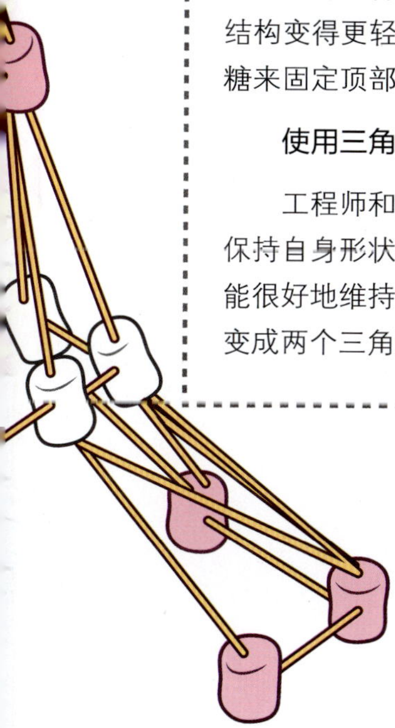

三角形

工程设计中经常会出现三角形，目的是让结构更为轻便和稳固。例如，塔、桥和体育馆都运用了三角形设计。这是因为设计成这种结构的建筑材料，都具有较高的抗压强度，即不容易从两端往中间压扁。

三角形的形状能将受力（包括上方结构的重量）平均分布在三条边上。

答案

答案

第一章 数字

第 7 页 不同的食物能做出多少种汉堡?

• 麦堡包：2 种汉堡 ×3 种奶酪（包括不加奶酪）×2^3 种酱料（每种酱料都可要可不要）×2^3 种加料 =384 种汉堡。

• 汉堡世界：3 种汉堡 ×4 种面饼 ×2^4 种加料 =192 种汉堡。

• 肉类工厂：3 种汉堡 ×3 种酱料 ×3^3 种加料（每种加料可选择不加、加一份或加两份）=243 种汉堡。

• 琳达的汉堡宫殿：4 种汉堡 ×2 种面饼 ×4 种加料（包括不加）×16 种酱料搭配（不选有 1 种，选一样有 5 种，选两样有 10 种，合计 16 种）=512 种汉堡。

当有 8 种食材可供选择，而且假设每一种食材都可以选择是否要一份，那么事实上一共只有 2^8=256 种组合。（如果每一种食材都可以不只要一份，那么组合数将会是无限大）人们发现这家汉堡餐厅实际上可能是根据 8 种食材不同的摆放顺序来算出这个数字的。这种算法假设每人的套餐都包含这 8 种食材，而且不同的食用顺序会带来不同的用餐体验。然而他们也算错了，实际上 8 种食材应该有 40,320 种不同的排列顺序（见第 8 页关于阶乘的内容）。

假设我们的早餐可以选择包括或不包括自助餐中的每一种餐品，那么 30 种餐品就能为我们提供 2^{30}=1,073,741,824 种不同的组合。

第 8 页 扑克牌有多少种组合?

还少了一种勺子、餐叉、餐刀的组合。

如果我们的四个物品分别为 A、B、C 和 D，那么一共有 24 种不同的排列顺序：ABCD、ABDC、ACBD、ACDB、ADBC、ADCB、BACD、BADC、BCAD、BCDA、BDAC、BDCA、CABD、CADB、CBAD、CBDA、CDAB、CDBA、DABC、DACB、DBAC、DBCA、DCAB、DCBA。

第 10 页 隐藏在菠萝中的斐波那契数列

数列中接下来的五个数字是 8、13、21、34 和 55。

第 12 页 随机拿到想吃的糖豆

1. 我们需要从 4 颗糖豆中拿出 3 颗才能满足要求。如果我们只拿两颗，它们就可能是同一种口味。
2. 我们需要至少拿出 6 颗糖豆才能保证拿到一颗可乐味的，因为我们有可能前 5 颗拿到的都是棉花糖味糖豆！
3. 如果我们拿出 3 颗糖豆，那么它们有可能都是不同口味的，但拿出的第四颗显然会是已经拿出的口味之一，这样便能凑成一对——所以答案是 4 颗。
4. 如果我们要确保满足要求，那么需要拿出 14 颗糖豆，因为有可能前 12 颗拿出来的全是杧果味和李子味的！

5.8 颗。我们需要拿出所有糖豆，才能确保拿到那仅有的一颗猕猴桃味的！

6.10 颗。如果我们不知道每种口味分别有多少，那么里面有可能只有一颗是葡萄味的，所以我们必须拿出所有的糖豆才能确保有葡萄味的。

第 13 页 棋盘上的麦粒

1.64 个格子。

2. 分别是 1、2、4、8、16、32、64、128 粒麦子。

3. 第 n 个格子里应该放 2^{n-1} 粒麦子。

4. 我们大约可以在 1 平方厘米的面积内放入 10 粒麦子，这意味着在边长 5.7 厘米的正方形（面积约为 32.5 平方厘米）内，我们能够放入 10×32.5=325 粒麦子。（这个结果可能会根据不同品种的麦子发生变化！）

5. 第 9 格应该能放入 256 粒麦子，但到第 10 格的 512 粒麦子时，我们就会被卡住放不下去了。如果允许麦粒堆起来，我们可能会做得更好。

6. 在第 64 格，应该放入 2^{63} 粒麦子，也就是9,223,372,036,854,775,808粒麦子。

7. 一粒麦子的重量大约是 0.03 g。

8. 最后一格里的麦子大约重 276,701,161,105,643,000 g，即 276,701,161,105 t。

9. 用上一问的答案除以 7 亿，得到的结果大约是 395 年。

第 14 页 缩放菜谱

1. 菜谱是做 12 块松饼的，而我们需要做 36 块松饼，36÷12=3，这意味着所有材料我们都需要 3 倍分量：

600 g 普通面粉
3 汤匙酵母粉
$1\frac{1}{2}$ 茶匙盐
6 汤匙糖
3 个鸡蛋，轻轻搅拌
600 mL 牛奶
75 g 融化的黄油

2. 因为 $170 \div 225 \approx \frac{3}{4}$，所以我们需要把每样食材的分量乘以 $\frac{3}{4}$ 来得到正确的数字：

$1\frac{1}{2}$ 汤匙黄油
$1\frac{1}{2}$ 根青椒切丁
338 g 鸡胸肉切成一口大小
75 g 长粒米
255 g 西红柿切碎
169 g 辣熏肠
$1\frac{1}{2}$ 汤匙调味粉
169 g 中等个头生虾
3 茶匙辣酱
3 个黄洋葱切薄片
300 mL 鸡汤
3 瓣大蒜剁碎

3. 不能。这一题的关键材料是糖：360 g 包装的 $\frac{1}{6}$ 只有 60 g，这意味着我们只能按照最初的菜谱做 3 份，为 30 个人提供煎饼，所需的食材如下：

300 g 普通面粉
60 g 糖
6 茶匙酵母粉
3 搓盐
600 mL 牛奶
6 汤匙融化的黄油或植物油
3 个大鸡蛋

第15页 用300 mL和500 mL的杯子，倒出 400 mL 的奶昔

1. 倒满 500 mL 杯子，接着将其中的奶昔倒入 300 mL 杯子。现在 500 mL 杯子里还剩下 200 mL 奶昔。喝掉 300 mL 杯子里的奶昔（并冲洗干净杯子），再将剩下的 200 mL 奶昔倒入其中，现在 300 mL 杯子还剩下 100 mL 是空的。重新倒满 500 mL 杯子，并用其中的奶昔倒满 300 mL 杯子。现在 500mL 杯子里就有 400 mL 的奶昔可以端给那位挑剔的朋友喝了！

2. 这一次我们不能喝掉奶昔了，但多出了一个 800 mL 的杯子用于盛放它们。为了解决这个问题，我们仍然可以使用第一个问题中的方法：先用 800 mL 杯子中的奶昔倒满 500 mL 杯子，再用 500 mL杯子中的奶昔倒满300 mL杯子，现在500 mL杯子里还剩下200 mL奶昔。将 300 mL 杯子里的奶昔倒回 800 mL 杯子（现在里面有 600mL 奶昔），再将 500 mL 杯子里的奶昔全部倒入 300 mL 杯子（现在里面有 200 mL 奶昔，还空着 100 mL）。重新用 800 mL 杯子里的奶昔倒满 500 mL 杯子，并用 500mL 杯子中的奶昔倒满 300 mL 杯子（现在 500 mL 的杯子里就有 400 mL 奶昔了）。最后，将 300 mL 杯子里的奶昔全部倒回 800 mL 杯子里，加上里面原本剩下的 100 mL，凑成第二个 400 mL。

你也可以寻找其他的方法来解决这个问题，只要你确定方法有效，那它就是正确的！

更多谜题：

a）倒满 500 mL 杯子，然后将里面的奶昔全部倒入 800 mL 杯子。重新倒满 500 mL 杯子，接着再用它倒满 800 mL 杯子。将 800mL 杯子里的奶昔喝光，洗干净杯子，然后将 500 mL 杯子里剩下的 200 mL 奶昔倒进去。重新倒满 500 mL 杯子，然后第三次将里面的奶昔倒入 800 mL 杯子中，现在里面有 700 mL 奶昔。最后一次倒满 500 mL 杯子，再用其中的奶昔将 800 mL 杯子倒满，在 500 mL 杯子里剩下的就是 400 mL 奶昔了。这是因为（500×4）–（800×2）=400。

b）用 700 mL 杯子里的奶昔倒满 400 mL 杯子，接着用 400 mL 杯子里的奶昔倒满 300 mL 杯子。将 300 mL 杯子里的奶昔倒回 700 mL 杯子里（现在里面有 600 mL 奶昔），再将 400 mL 杯子里剩下的 100 mL 奶昔倒入 300 mL 杯子。重新用 700 mL 杯子里的奶昔倒满 400 mL 杯子，现在 700mL 杯子里还剩下 200 mL 奶昔。接着用 400 mL 杯子里的奶昔倒满 300mL 杯子，现在有两个杯子里有 200mL 奶昔，一个杯子里有 300 mL 奶昔。

c）由于（5×600）–（2×1,100）=800，所以我们可以五次倒满 600 mL 杯子，再将里面的奶昔倒入 1,100 mL 杯子中，并在 1,100 mL 的杯子倒满时两次喝掉其中的奶昔。这样操作下来，最后在 1,100 mL 的杯子里应该就会留下 800 mL 奶昔。

d）由于（2×900）–（3×400）=600，所以我们可以倒满 900mL 杯子，再将里面的奶昔倒入 400 mL 杯子中并喝掉，

当我们两次倒满 900 mL 杯子并喝掉三次 400 mL 杯子里的奶昔时，900 mL 的杯子应该就会留下 600 mL 奶昔。

e）由于 $(6 \times 1{,}200) - (6 \times 1{,}100) = 600$，所以我们可以倒满 1,200 mL 杯子，再将里面的奶昔倒入 1,100 mL 杯子中，每当 1,100 mL 杯子倒满时就喝掉其中的奶昔并洗干净，重复这个过程六次，最后 1,200 mL 杯子中应该就会留下 600 mL 奶昔。尽管这个方法管用，但它需要我们喝下非常多的奶昔——如果你的朋友们愿意的话，可以让他们来帮忙喝！

提示：如果不同尺寸的杯子有一个共同的因数，那么我们只能倒出这个因数的整数倍奶昔。例如，若两个杯子都只能装偶数个 100 mL，那么我们就只能倒出偶数个 100 mL 的奶昔。

第 16 页 用配额法和朋友公平分摊食物账单

1 份奶酪汉堡：10.95 元

1 份配菜沙拉：3.75 元

1 份配菜凉拌生菜：3.20 元（总价除以 2）

1 份无糖可乐：6.95 元（总价除以 2）

合计：24.85 元

第 19 页 科学记数法统计全世界的人一年吃多少食物？

$476 = 4.76 \times 10^{2}$

$362{,}880 \approx 3.63 \times 10^{5}$

$10{,}000 = 1 \times 10^{4}$

$43{,}252{,}003{,}274{,}489{,}856{,}000 \approx 4.33 \times 10^{19}$

$2{,}048 \approx 2.05 \times 10^{3}$

（我们需要四舍五入到小数点后两位）

全世界的人一年消耗 5.69×10^{12}kg 食物。

第 20 页 用平均分配食物法分享

1. 分享草莓

有 27 颗草莓。两个人分享时还多出一颗，所以草莓的总数一定是奇数。当五个人分时还多出两颗，所以草莓的总数除以 5 的余数是 2，但它还是个奇数，所以一定是 7、17、27 等数字中的一个。第三种情况告诉我们草莓的总数不会超过 32 颗（每人 4 颗），但足够每人分 3 颗（$3 \times 8=24$），所以答案是 27。

2. 烤面包

答案是 9 分钟。我们可以同时烤两片面包，每一面分别烤 3 分钟，再花另外 6 分钟烤第三片面包（一共 12 分钟）。但还有更快的方法：先烤两片面包的一面，然后将其中一片烤了一面的面包换成另一片还没烤的面包。这样烤 6 分钟后，就只有两片面包各剩下一面没烤了，再将它们同时放入烤面包机中烤剩下的一面，总共就只需要 9 分钟！

3. 掰巧克力块

需要掰 17 次。无论我们按照什么顺序去掰，每掰一次都只会增加一块巧克力。如果我们想要得到 18 块单独的巧克力，就需要从最初的巧克力块（1 块）开始掰 17 次。

4. 购物装袋

一共有 10 种不同的装袋方式，你找到了几种？

[750, 500], [650, 400, 200], [550, 450, 100, 100, 50]

[750, 500], [650, 550, 50], [450, 400, 200, 100, 100]

[750, 500], [550, 400, 200, 100], [650, 450, 100, 50]

[750, 500], [550, 450, 200, 50], [650, 400, 100, 100]

[550, 500, 200], [750, 400, 100], [650, 450, 100, 50]

[550, 500, 200], [750, 450, 50], [650, 400, 100, 100]

[650, 400, 200], [750, 450, 50], [550, 500, 100, 100]

[650, 500, 100], [750, 400, 100], [550, 450, 200, 50]

[650, 500, 100], [750, 450, 50], [550, 400, 200, 100]

[650, 550, 50], [750, 400, 100], [500, 450, 200, 100]

第 26 页 用自然数求和公式来堆罐头

1. 堆出图中不同层数三角形所需的罐头数分别为：1、3、6、15。我们需要 55 个罐头来堆一个 10 层高的三角形。

生日蛋糕谜题

由于你在第 N 个生日时会吹灭 N 支蜡烛，所以当你过完第 100 个生日时，你就已经吹灭了 1+2+3+……+100 支蜡烛，也就是（100×101）÷2=5050 支蜡烛。你可以使用同一个公式计算其他人的情况。

2. 完整的表格

一条边的罐头数	1	2	3	4	5	6	7
每层的罐头数	1 × 1 = 1	2 × 2 = 4	3 × 3 = 9	4 × 4 = 16	5 × 5 = 25	6 × 6 = 36	7 × 7 = 49

堆出不同层数四棱锥所需的罐头数分别为：5、14、30、55、91、140、204、285、385。由于 (10 × 11 × 21) ÷ 6 = 385，所以我们需要 385 个罐头来堆出 10 层高的四棱锥。

第二章 图形

这个棱锥体堆了 37 层高。将总罐头数代入公式中，可以得到：$17{,}575 = \frac{N \times (N+1) \times (2N+1)}{6}$

经过计算可知 $N = 37$。

第 28 页 用二进制数将厨房铺满瓷砖

数字	有16吗?	有8吗?	有4吗?	有2吗?	有1吗?	求和
13	否	是	是	否	是	13 = 8 + 4 + 1
20	是	否	是	否	否	20 = 16 + 4
28	是	是	是	否	否	28 = 16 + 8 + 4
2	否	否	否	是	否	2 = 2
31	是	是	是	是	是	31 = 16 + 8 + 4 + 2 + 1

每一行编码出的数字分别是 00100（4）、01000（8）、01111（15）、10000（16） 和 10111（23）。

第 32 页 制作五连块饼干

下图是 12 种不同的五连块，它们拼出了一个 6×10 的长方形。

用 12 种五连块拼出的每种五连块的放大版：

第 44 页 切食物谜题

1. 如图所示，我们能用三刀将一个圆切成七块。四刀则能切成十一块，这些数字构成了一个 2、4、7、11 的规律。这个数列被称为懒惰供应商数列，它并没有明显的规律，但一般可以说 N 刀最多将一块圆形蛋糕切成（N^2+N+2）÷2 块。所以我们可以用五、六、七刀分别切出 16、22 和 29 块，其中每一刀都应该穿过之前切下的所有刀口。

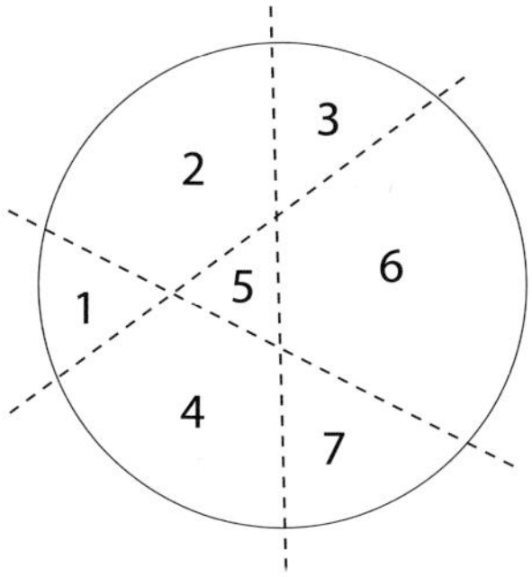

2. 如果圆形食物在中心有一个圆形的洞，我们用三刀最多可以将它切成九块。

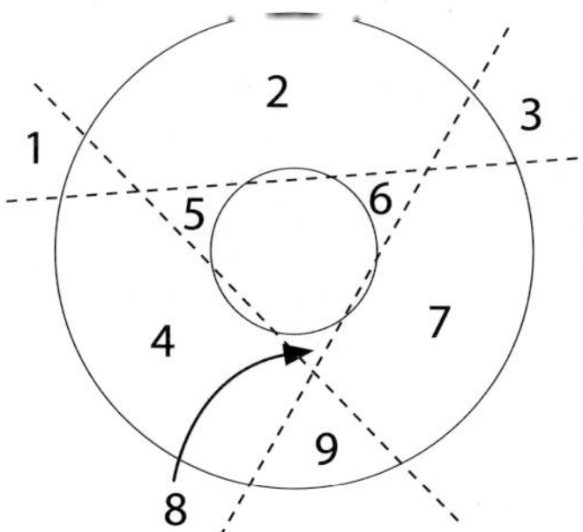

3. 能够将长方形蛋糕平均切成两块的任何方向的直线都会通过它的中心。如果我们想将被切掉一块的蛋糕平均切成两半，那么也必须将其中的洞平均分配到每一半中。通过蛋糕中点（两条对角线的交点）和空洞中点的一条直线即可将这块缺了一部分的蛋糕平均分成两半。

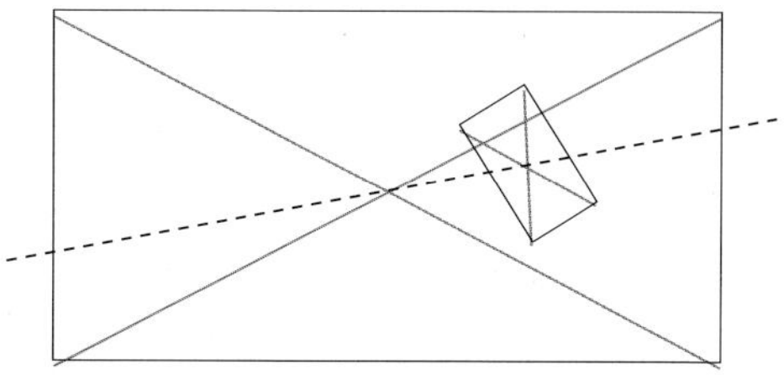

第 45 页 把小奶酪制作成大奶酪

1.a）27 块。

b）26 块（除去正中间的那块）。

c）54 个面（方块的六个方向分别有 9 个面暴露在外）。

d）有 9 个方块沾上了颜料，所以还有 18 个方块没有沾上颜料。

2. 需要 4+5+4=13 个红色莱斯特奶酪方块和 27−13=14 个黄色切达奶酪方块。

如果所有看不见的方块都是红色的，那么最多有 17 个红色方块；如果所有看不见的方块都是黄色的，那么所用的红色方块最少，有 9 个。

3. 所有小方块总是会排列成三维棋盘的样子，如果大方块的边长是偶数，那么两种颜色的小方块数量相等，否则二者数量不等。

2×2×2 的大方块：两种颜色的方块各 4 个。

3×3×3 的大方块：两种颜色的方块分别为 13 个和 14 个。

4×4×4 的大方块：两种颜色的方块各 32 个。

4. 这是有可能的。你会发现每个面上都有一条对角线是由相同颜色的方块构成的。

5. 这条虫子无法实现愿望。如果你想象一个由红色和黄色奶酪交错构成的大方块（像谜题 2 中的那样），而且正中间的方块是红色的，那么就有 13 个红色方块和 14 个黄色方块。而虫子只能钻到面对面相邻的方块中，所以它移动时所经过的方块颜色是交替变化的，即按照红、黄、红、黄的顺序移动。但为了经过所有方块，它必须从黄色方块开始和结束，所以并不能最后一个吃到正中间的小方块。

第 47 页 把三明治切成七巧板

第 50 页 最佳打包形状

• 纸盒的长和宽分别为 10 cm 和 7.5 cm。

• 纸盒的体积等于长乘以宽乘以高，所以是 10×7.5×0.5=37.5 cm^3。

• 在纸板四角切去边长 1 cm 正方形后，折出的纸盒体积是 9×6.5×1=58.5 cm^3。

切去正方形的边长/cm	纸盒底部的宽/cm	纸盒底部的长/cm	纸盒体积/cm^3
0.5	7.5	10	37.5
1	6.5	9	58.5
1.5	5.5	8	66
2	4.5	7	63
2.5	3.5	6	52.5
3	2.5	5	37.5
3.5	1.5	4	21
4	0.5	3	6

在纸板四角切掉边长 1.5 cm 的正方形，可以获得最大的纸盒体积，这时纸盒的体积是 66 cm^3。

如果我们切掉的正方形边长超过 4 cm，那么纸板就不够用了！纸板的宽度只有 8.5 cm，所以我们最多切去边长比 8.5÷2=4.25 cm 更小的正方形。

如果你使用微积分（并允许切掉任意边长的正方形）来解决这个问题，便会发现最优尺寸接近于 1.585 cm。

第 57 页 比萨中的数学

如果我们将比萨的半径表示为 z，厚度表示为 a，那么它的体积就是：

$\pi \times z^2 \times a$

第 64 页 切蛋糕谜题

1. 有很多方法可以做到这一点。如果蛋糕的形状不是圆形（假设上面有缝隙），那么就不需要每一刀都经过全部已有的小块。如果想象蛋糕是已经切去一个角的形状，那我们可以像下面这样将它切成八块。

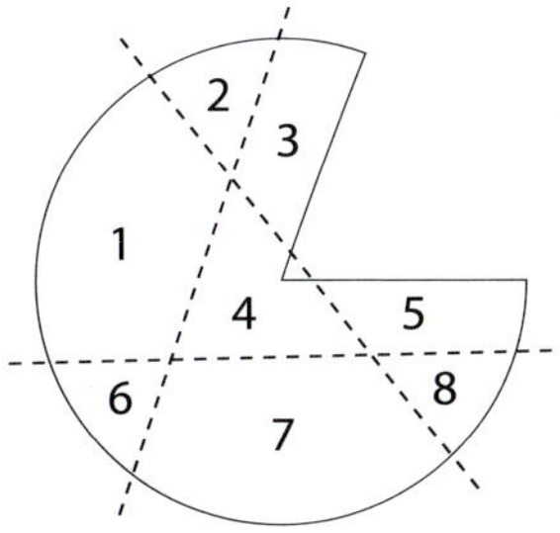

2. 先将蛋糕切成四块，再用如图所示的圆形锋利模具将其从中间切开，这样就能得到八块蛋糕。

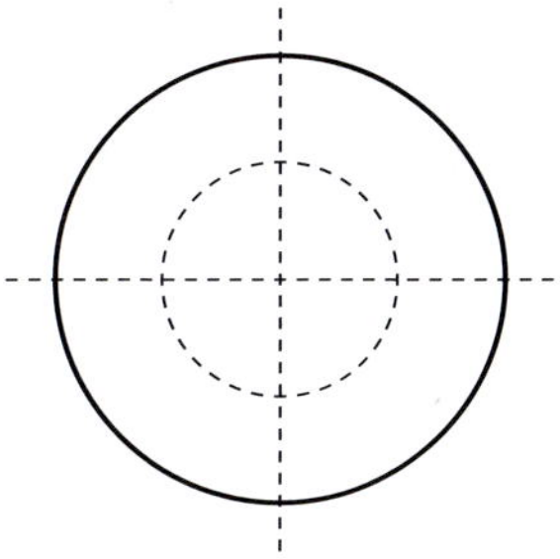

对于最后一个谜题，答案是可以。我们可以用两刀将蛋糕切成四块，接着将这四块堆在一起或排成一条线，再用一刀将这四块全部切开即可得到八块蛋糕。

如果你希望每切一次都能让蛋糕的数量翻倍，那么只需切过之前的每一块蛋糕，将它们都切成两半即可。

第 65 页 尺寸和维度

1. 一块 14 寸比萨比三块 8 寸比萨更多（一点点）。

2. 第一种情况我们可以得到 9π 平方英寸的比萨，每平方英寸的价格是 10 元 $\div 9\pi \approx$ 3 角 5 分钱。而第二种情况我们可以得到 16π 平方英寸的比萨，每平方英寸的价格是 15 元 $\div 16\pi \approx$ 3 角钱。所以升级尺寸会稍微划算一点。

3. 中间有个洞的 10 寸比萨比 9 寸比萨更多（一点点）。

第三章 真实世界中的数学

第 73 页 水果中的对称性

正方体的所有旋转对称轴都可以归属于下面三类之一。

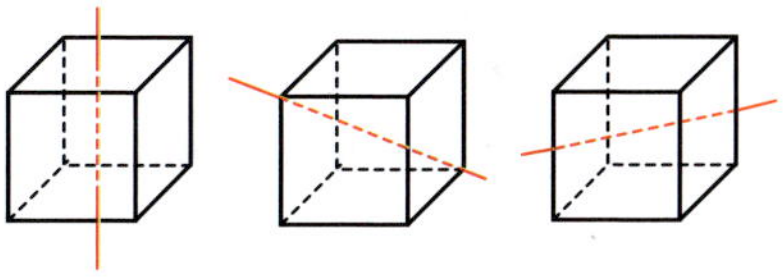

正方体的对称面：

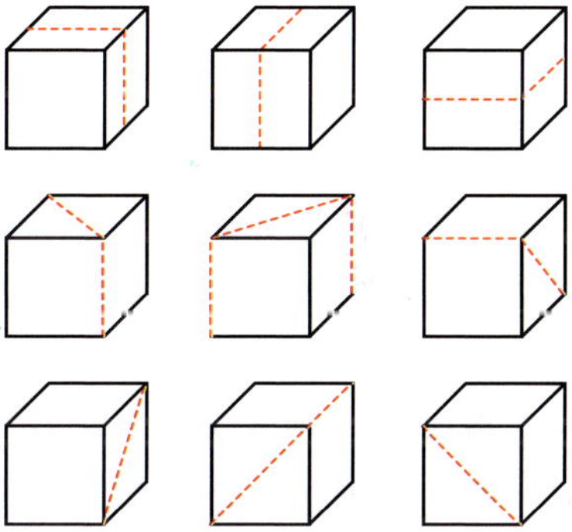

第 74 页 买到最划算的酸奶

300 g 巧克力棒更划算，每克巧克力棒只需 1.67 分钱。500 g 包装的巧克力棒，每克平均售价是 2 分钱。

10 个苹果的那袋，每个苹果需要 6 角钱；而 15 个苹果的那袋，每个苹果需要 5.67 角钱，所以后者更划算。

两种罐头吞拿鱼每克的售价都是 0.55 分钱，它们同样划算。

是真命题，但并非双向为真。例如，3+2=5，5 比 4 大，但 3 比 4 小。

5. 如果一个硬币比 1 角值钱，那么它是 5 角硬币：是假命题，但反过来为真。

6. 如果一个蛋糕含有坚果，那么对坚果过敏的人可以安全地吃掉它：双向都是假命题，它的逆命题“如果对坚果过敏的人可以安全地吃掉一个蛋糕，那么蛋糕里面含有坚果”也是假的。

7. 如果一个数比 2 大而且是质数，那么它是奇数：是真命题，但反过来不是。并非所有的奇数都是质数，而且 1 也比 2 小。

第 128 页 鸽笼原理——11 份零食装进 10 个午餐袋?

· 如果有 N 个袋子，那么需要 N+1 份零食才能确保至少有一个袋子里装了两份零食。

· 我们需要 367 个人在房间里才能保证有两个人的生日在同一天。因为一年最多可以有 366 天（包括闰年在内）。

图片来源

ADOBE STOCK 网站
第 6—7 页，第 16—17 页，第 20—21 页，第 64—65 页，第 84—85 页，第 116—117 页，第 126—127 © Andrew Griffiths
SHUTTERSTOCK 网站
每页目录角落里的奶昔图，第 15 页全部，第 39 页全部，© baibaz
第 2—3 页 © Pixel-Shot
第 4—5 页全部 © natali_ploskaya
第 7 页 © Zick Svift
第 8 页（从左往右）© Hong Vo; LightField Studios; Robyn Mackenzie; vitals;paintings;
第 9 页 ©Tatiana Popova
第 10 页 © MikhailSh
第 11 页 © Ian 2010
第 12 页 © Gyvafoto
第 13 页上方 © Nataly Studio
第 13 页下方 © SIM VA
第 16 页 © gowithstock
第 18—19 页 © Spayder pauk_79
第 20—21 页 © jakkapan
第 20 页上方 © Danny Smythe
第 20 页下方 © Krasula
第 21 页（从左往右）© haraldmuc; MIGUEL G. SAAVEDRA; Iurii Kachkovskyi; MRAORAOR; Kyselova Inna; D-M; Olexandr Panchenko; Tiger Images; Viktor1
第 22—23 © Gunnar Pippel
第 24 页上方 © Hong Vo
第 24—25 页 © Richard Peterson
第 26—27 页 © Mega Pixel
第 28—29 页（白瓷砖），147 © cherezoff
第 28—29 页（黑瓷砖），147 © Purple Moon
第 32 页上方 © goldnetz
第 32—33 页 © Veja
第 34—35 页 © Nataliia Sokolovskaia
第 36—37 页 © ArtCookStudio
第 40—41 页 © onair
第 41 页下方 © Georgios Kollidas
第 42—43 页全部 © Alexey Kljatov
第 44 页 © itay uri
第 45 页，第 58—59© Hong Vo
第 46—47 页 © GMEVIPHOTO
第 48—49 页 © Oliver Hoffmann
第 49 页下方 © You Touch Pix of EuToch
第 50—51 页 © Mega Pixel
第 50 页左侧 © Tusumaru
第 52 页 © dinodentist
第 55 页上方 © Africa Studio
第 55 页下方左侧 © ravl
第 55 下方右侧 © Maks Narodenko
第 57 页 © Timmary
第 60 上方 © Yeti studio
第 60 页下方左侧 © HomeStudio
第 60 页下方右侧 © Cheers Group
第 60—61 页，第 66—67 页，第 78—79 页，第 86—87 页，第 114—115 页，第 128—129 页 © yukipon
第 62—63 页 © pukao
第 64 页 © Tania Kitura
第 65 页 © Timmary
第 66—67 页 © Viktor1
第 68 页 © Olena Serzhanova
第 72 页上方 © Quang Ho
第 72 页中间 © Venus Kaewyoo
第 72 页下方 © alexassault
第 73 页上方左侧 © Artem Kutsenko

第 73 页中间 © Anna Sedneva
第 73 页下方 © NikHu
第 74 页上方 © White bear studio
第 74 页下方左侧 © Nataly Studio
第 74 页下方中间 © nechaevkon
第 74 页下方右侧 © fotosv
第 75 页 © Yellow Cat
第 77 页 © Dmytro Amanzholov
第 80—81© Africa Studio
第 82—83 页全部 © New Africa
第 84 页 © Nataly Studio
第 86 页 © Africa Studio
第 87 页 © Nataliia Sokolovskaia
第 88 页上方 © irin–k
第 88 页下方 © OLEG525
第 89 页 © apixelstudio
第 90 页上方 © Obprod
第 90 页下方 © HeinzTeh
第 91 页上方 © Katrina Leigh
第 91 页下方 © inkanya Anankitrojana
第 92 页 © pandapaw
第 94—95 页 © Y Photo Studio
第 96—97 页上方 © Boltenkoff
第 96—97 页下方 © Viktor1
第 96 页中间 © Svetlana Foote
第 96 页下方 © 全部 uvion Stock
第 98 页 © P Maxwell Photography
第 102 页 © October22
第 103 页 © Passakorn sakulphan
第 106 页 © New Africa
第 108 页 © xpixel
第 109 页 © Sergiy Kuzmin
第 11 0 页 © Andrey_Kuzmin
第 113 页 © bonchan
第 114—115 页 © yukipon
第 114 页 © Yellow Cat
第 116 页 © Seregam
第 118 页 © Ebtikar
第 119 页 © grey_and
第 121 页上方 © Madlen21
第 121 页上方、中间 © Sunghorn
第 121 页下方、中间 © Kompor
第 121 下方 © Nataliia Pyzhova
第 124—125 页 © Africa Studio
第 124 页 © photomaster
第 125 页 © Bozena Fulawka
第 126 页（纸杯蛋糕）© Lifestyle Travel Photo
第 126 页（包）© sevenke
第 127 © Lifestyle Travel Photo
第 128 页上方 © greg_wozniak
第 128 页下方 © stockphoto mania
第 128—129 页（包）© Dejan Stanisavljevic
第 128—129(苹果）© bergamont
第 129 页 © Stephen Barnes
第 130 页 © MiniDoodle
第 131 页 © Africa Studio
第 132 页上方，第 133 上方 © Radu Bercan
第 132 页下方，第 133 页下方 © Natali Zakharova
第 142 页 © Timmary
第 144 © Theerapol Pongkangsananan
第 147 页 © Danny Smythe

除非另有说明，本书中的插画都由勃兰特·罗伯绘制。我们尽了最大努力来获得书中所有图片的版权方授权。如有任何无意中的遗漏或错误，我们深表歉意，并将在后续版本的书籍中加入适当说明。